现代室内软装创新研究

蔡 云 著

U0323109

吉林摄影出版社
·长春·

图书在版编目（CIP）数据

现代室内软装创新研究 / 蔡云著. -- 长春 ：吉林
摄影出版社，2024.11. -- ISBN 978-7-5498-6416-4

Ⅰ．TU238.2

中国国家版本馆CIP数据核字第2024SU9275号

现代室内软装创新研究
XIANDAI SHINEI RUANZHUANG CHUANGXIN YANJIU

著　者	蔡　云
出版人	车　强
责任编辑	王　茵
封面设计	文　亮
开　本	787 毫米 ×1092 毫米　1/16
字　数	240千字
印　张	11
版　次	2024年11月第1版
印　次	2024年11月第1次印刷

出　版	吉林摄影出版社
发　行	吉林摄影出版社
地　址	长春市净月高新技术开发区福祉大路 5788 号
	邮编：130118
网　址	www. jlsycbs.net
电　话	总编办：0431-81629821
	发行科：0431-81629829
印　刷	河北昌联印刷有限公司

书　号	ISBN 978-7-5498-6416-4　　　定　价：76.00元

前　言

　　随着社会的快速发展和人们生活品质的不断提高，室内软装设计逐渐成为人们关注的焦点。室内软装设计不仅仅是对室内空间的简单装饰和美化，更是对生活品质的追求和体现。在当今时代背景下，现代室内软装设计正经历着前所未有的创新与发展。

　　传统的室内软装设计往往局限于固定的风格和模式，缺乏个性化和创新性。然而，在现代社会，人们越来越注重个性化和独特性的表达，这也对室内软装设计提出了更高的要求。因此，现代室内软装设计需要打破传统的束缚，不断寻求新的创新点和发展方向。

　　本书旨在深入探讨现代室内软装设计的创新与发展。本书汇集了作者辛勤的研究成果，值此脱稿付梓之际，作者深感欣慰。本书在写作过程中，虽然在理论性和综合性方面下了很大的功夫，但由于作者知识水平不足，以及文字表达能力的限制，在专业性与可操作性上还存在着较多不足。对此，希望各位专家学者和广大读者能够予以谅解，并提出宝贵意见，作者将尽力完善。

前 言

目　录

第一章　室内设计概述

室内设计是根据建筑物的使用性质、所处环境和相应标准，运用物质技术手段和建筑设计原理，创造功能合理、舒适优美、满足人们物质和精神生活需要的室内环境。这一室内环境既具有使用价值，满足相应的功能要求，同时也反映了历史文脉、建筑风格、环境气氛等精神因素，因此我们可以明确地把"创造满足人们物质和精神生活需要的室内环境"作为室内设计的目的。

第一节　室内设计的含义

现代室内设计作为一门新兴学科，尽管只有近十年的时间，但是人们有意识地对自己生活、生产的室内环境进行布置，甚至美化装饰，在人类文明早期就已存在。自建筑出现开始，室内的设计发展即同时产生，所以研究室内设计史就是研究建筑史。

室内设计是指为满足一定的建造目的（包括人们对它的使用功能的要求、对它的视觉感受的要求）而进行的准备工作，对现有建筑物的内部空间进行改造加工的准备工作。室内设计的目的是让具体的物质材料在技术、经济等方面，在可行的有限条件下能够成为合格的产品。设计不仅需要工程技术上的知识，还要求设计人员必须具备艺术上的理论和技能。室内设计是从建筑设计中的装饰部分演变而来的，它是对建筑物内部环境的再创造。室内设计可以分为公共建筑空间设计和居家设计两大类别。当我们提到室内设计时，还会提到动线、空间、色彩、照明、功能等相关的重要术语。室内设计泛指能够实际在室内建立的任何相关物件，包括墙、窗户、窗帘、门、灯具、家电、环境控制系统、视听设备、装饰品等。

一、室内设计的依据

现代室内设计考虑问题的出发点和目的都是为人服务，满足人们生活、生产的需要，为人们创造理想的室内空间环境，使人们感受到关怀和尊重。一经确定的室内空间环境，同样也能启发、引导甚至在一定程度上影响和改变人们活动期间的生活方式和行为模式。

为了创造一个理想的室内空间环境，我们必须了解室内设计的依据。室内设计作为环境设计系列中的一环，必须事先充分掌握建筑物的功能特点、设计意图、结构构成、设施设备等情况，进而对建筑物所在地区的室外自然环境和人工条件、人文景观、地域文化等也有所了解。例如，同样是设计旅馆，建筑外观和室内环境的造型风格，显然建在北京、深圳的市区内和建在云南昆明及贵州遵义的高原上环境理应有所不同；同样是高原环境，昆明和遵义又会由于气候条件、周边环境、人文景观的不同，建筑外观和室内设计也会有所差别。具体地说，室内设计主要有以下各项依据。

（一）人体尺度

首先应该考虑的是人体尺度和动作领域所需的尺寸和空间范围，人们交往时的人际距离，以及人们在室内通行时，各处有形或无形的通道宽度。

人体尺度，即人体在室内完成各种动作时的活动范围，是我们确定室内诸如门扇的高宽度、窗台和阳台的高度、家具的尺寸及其相互距离，以及楼梯平台、室内净高等的最小高度的基本依据。人体尺度涉及人们在不同性质的室内空间中的心理感受，要顾及满足人们心理需求的最佳空间范围，主要包括以下几方面：

（1）静态尺度（人体尺度）；

（2）动态活动范围（人体动作域与活动范围）；

（3）心理需求范围（人际距离、领域性等）。

（二）家具、灯具、设备、陈设等的尺寸以及使用、安置它们所需的空间范围

在室内空间里，除了人的活动外，占有空间的内含物主要是家具、灯具、设备（指设置于室内的空调、热水器、散热器、排风机等）、陈设等。在有的室内环境里，如宾馆门厅、高雅的餐厅等，室内绿化和水石小品等所占的空间尺寸，也应成为组织和分隔室内空间的依据。

对于灯具、空调设备、卫生洁具等，除了本身的尺寸以及使用、安置时必需的空间外，值得注意的是，此类设备、设施在建筑物的土建设计与施工时，管网布线等都已有一个整体布置，室内设计时应尽可能在它们的接口处予以连接、协调。对于出风口、灯具位置等在室内使用合理和造型美观等要求上，适当地在接口处做些调整也是允许的。

（三）室内空间的结构构成、结构构件、设施管线等的尺寸和制约条件

室内空间的结构体系、柱网的开间间距、楼面的板厚梁高、风管的断面尺寸以及

水电管线的走向和铺设要求等，都是室内空间设计必须考虑的。有些设计内容，如风管的断面尺寸、水电管线的走向等，在与有关工种的协商下可做调整，但仍然要考虑原有的限制因素。例如空调的风管通常在梁板底下设置，计算机房的各种电缆管线通常铺设在架空地板内等。

（四）符合设计环境要求、可供选用的装饰材料和现实可行的施工工艺

由设计变成现实，必须使用地面、墙面、顶棚等各个位置的装饰材料。装饰材料的选用，必须提供实物样品，因为同一名称的石材、木材也会有纹样、质量的差别。还要采用现实可行的施工工艺。这些依据条件必须在设计开始时就考虑到，以保证设计图的规范合理以及之后的具体实施。

（五）确定投资标准

行业已确定的投资标准和建设标准，以及设计任务要求的工程施工期限，这些具体而又明确的概念，是现代设计工程的重要前提。

室内设计与建筑设计的不同之处在于，同样一个旅馆的大堂，不同方案的土建造价比较接近，而不同建设标准的室内装修造价则可能相差较大。例如，一般旅馆大堂的室内装修费用每平方米造价 1000 元左右，而五星级宾馆大堂每平方米造价可以高达 8000 ~ 10 000 元（上海新亚 - 汤臣五星级宾馆大堂的装修费每平方米造价为 1200 美元）。可见，对于室内设计来说，投资标准与建设标准是必要的依据因素。同时，不同的工程施工期限，将决定室内设计采用不同的装饰材料、安装工艺以及界面设计处理手法。

二、室内设计的原则

设计师需要不断地提出多种设计方案，并加以评估。室内设计的方案必须满足五个原则：空间性、功能性、经济性、创造性和技术性。只有这五个原则达到平衡，才能成功地塑造出室内空间的整体感。

（一）空间性

空间性是指物品、人和空间的关系。在考虑空间性时，最基本的是要掌握空间所特有的意义和目的。

1. 意义：为什么是这样的空间

空间可以给予人宽度、广度及色彩感，所以在室内设计时，对于建筑的各个位置都要去体会建筑师的建筑意图。为何是通顶设计？为何会有两层？为何这个位置会有固定框格窗？在这种意义上，室内设计师必须要懂得"建筑"。

2. 目的：在这样的空间里做什么

每个空间一定会有其建造的目的，即这个空间是用来做什么的。娱乐、放松、吃饭、睡觉？还是工作？把这些基本的使用目的考虑到位，可以使各个空间的目的性更加明确。室内设计的材料、色彩、形状等都必须能够表现出空间的目的性。

（二）功能性

功能分为空间功能和物品功能，前者包括隔声、保湿、维修方便等功能，后者包括各种各样的机器设备功能。室内设计的功能性主要表现在两种功能的协调中，设计师有必要在室内的每个部分都将这些因素考虑齐全，尤其是厨房、设备间、卫生间等功能性要求较高的空间。功能性直接影响作业效率，空间越是狭小，对功能性的要求就越高。

（三）经济性

由于空间等级的不同，费用支出也有所不同，室内设计的经济性只能根据预算进行考虑。在有关设备的问题上，需要对初期费用和运行费用进行严谨的计算、推敲后再制订设计计划。运行费用包括电费、燃料费等，维修费也包括在内。如果初期费用较少，后期的运行费用就有可能增加。所以，在进行室内设计时必须事先考虑建筑的使用年限，然后再根据需要和目的制定合理的预算。

（四）创造性

创造性是指利用不同色彩、形式、风格、材质的组合，产生新颖别致的室内设计方案。

1. 把表现个性美作为前提

功能性确实很重要，但是如果仅停留在"方便、便宜、结实"的层面上，就无法设计出优秀的作品。只有在"表现个性美"的前提下表现美感，才是大众所需要的。从广义上说，色彩、形式、材质也有功能性，但如果能更好地利用这些特点，就形成了室内设计的创造性。

2. 普遍性和个性（喜好）

对美的感知因时代的不同而有所变化，但是古典美是长盛不衰的。在感受美的基本原则上，加以个性及新鲜感，无论多艺术、多前卫的设计，也会包含最基础的美。

在涉及基本的生活空间时，大多数设计是保守的。在"特定个人的住宅"这个意义上，室内设计既要有个性的表现，也要有普遍性的表现。

（五）技术性

技术性主要是指砖缝、对角、压边等衔接处理得好与坏。

1. 比较材料和技术

如果因为预算有限，不得已必须有所削减，降低材料预算是比较可行的选择。有时越是采用低成本且简约的材料来装修，越显得有品位。

与材料相比，技术方面是值得投入较多的。比如定制的家具，各个细节的处理都会影响家具的使用寿命。即使两种施工报价之间有 6000 元的差距，可以计算一下 6000 元平均到每天是多少，肯定不会有太大的差距。既然如此，为了更美观、使用寿命更长，多投入一些技术成本，效果肯定会更好。

2. 选择专业的团队

虽说现在的施工队中也有技术高超的工匠，但从整体上来说，施工队的人做家具的水平并不高。如果需要定制柜台、架子、房门这些物件，最好还是选择专业的家具公司，因为这些专业公司的技术及五金件的配置更值得信赖。

3. 结合经济性来考虑

虽然不建议压低技术的初期费用，但是设计时可以在运行费用上下功夫。比如，有凹槽的设计很容易堆积垃圾；采用不同的面漆或不同的五金件，污垢的显眼程度也会不同。设计师在选择材料时应该多考虑如何减少今后维修及养护的成本。

三、室内设计的内容分类

室内设计的研究对象简单地说就是建筑内部空间的围合面及内含物。通常习惯把室内设计按照以下标准进行划分。

（一）设计深度

按设计深度可以把室内设计分为室内方案设计、室内初步设计、室内施工图设计。

（二）设计内容

按设计内容可以把室内设计分为室内装修设计、室内物理设计（声学设计、光学设计）、室内设备设计（给排水设计，供暖、通风、空调设计，电气、通信设计）、室内软装设计（窗帘设计、饰品选配）等。

（三）设计空间性质

按设计空间性质可以把室内设计分为居住建筑室内设计、公共建筑室内设计、工业建筑室内设计、农业建筑室内设计。

1. 居住建筑室内设计

居住建筑室内设计主要涉及住宅、公寓和宿舍的室内设计，具体包括前厅、起居室、餐厅、书房、工作室、厨房和浴厕设计。

2. 公共建筑室内设计

文教建筑室内设计：主要涉及学校、图书馆、科研楼的室内设计，具体包括门厅、过厅、中庭、教室、活动室、阅览室、实验室、机房等的室内设计。

医疗建筑室内设计：主要涉及医院、社区诊所、疗养院等建筑的室内设计，具体包括门诊室、检查室、手术室和病房等的室内设计。

办公建筑室内设计：主要涉及行政办公楼和商业办公楼内部的办公室、会议室以及报告厅的室内设计。

商业建筑室内设计：主要涉及商场、便利店、餐饮建筑的室内设计，具体包括营业厅、专卖店、酒吧、茶室、餐厅等的室内设计。

展览建筑室内设计：主要涉及美术馆、展览馆和博物馆的室内设计，具体包括展厅和展廊等的室内设计。

娱乐建筑室内设计：主要涉及舞厅、歌厅、KTV、游艺厅的室内设计。

体育建筑室内设计：主要涉及体育馆、游泳馆的室内设计，具体包括用于不同体育项目的比赛、训练及配套的辅助用房设计。

交通建筑室内设计：主要涉及公路、铁路、水路、民航的配套建筑，具体包括候机楼、候车室、候船厅、售票厅等的室内设计。

3. 工业建筑室内设计

工业建筑室内设计主要涉及各类厂房的车间、生活间及辅助用房的室内设计。

4. 农业建筑室内设计

农业建筑室内设计主要涉及各类农业生产用房，如种植暖房、饲养房的室内设计。

第二节　室内设计的方法与步骤

一、室内设计的方法

室内设计的方法，这里着重从设计师的思考方向来分析，主要有以下几点。

（一）功能定位、时空定位、标准定位

进行室内环境设计时，首先需要明确的是空间的使用功能，是居住还是办公？是游乐还是商业？不同性质和使用功能的室内环境，需要满足不同的使用特点，塑造出不同的环境氛围，例如恬静温馨的居住室内环境，井井有条的办公室内环境，新颖独特的游乐室内环境，以及舒适悦目的商业购物室内环境等。当然，还有与功能相适应

的空间组织和平面布局，这就是功能定位。

时空定位就是强调所设计的室内环境应该具有时代气息，满足时尚要求，需要考虑室内环境的位置所在。国内还是国外？南方还是北方？城市还是乡镇？以及设计空间的周围环境和地域文化等。

标准定位是指考虑室内设计、建筑装修的总投入和单方造价标准（指核算成每平方米的造价标准），这涉及室内环境的规模，各装饰界面选用的材质品种，采用的设施、设备、家具、灯具、陈设品的档次等。

（二）从里到外，从外到里

注重对总体与细部的深入推敲，譬如室内设计应考虑的基本要素、设计依据等。先有一个设计的全局观念，这样思考问题和着手设计的起点就高。在进行设计时，必须根据室内空间的使用性质，深入调查，收集信息，掌握必要的资料和数据，从最基本的人体尺度、人流动线、活动范围和特点、家具与设备的尺寸等着手。做到从里到外、从外到里，局部与整体的协调统一。建筑师 A·依可尼可夫曾说过，任何建筑创作，应是内部构成因素和外部联系之间相互作用的结果，也就是"从里到外""从外到里"。

室内环境的"里"与室外环境的"外"，它们之间有着相互依存的密切关系，设计时需要从里到外、从外到里多次反复协调，使设计更趋完善与合理。室内环境需要与建筑整体的性质、标准、风格，以及其他室外环境协调统一。

（三）贵在立意创新

设计是创造性劳动，需要有原创力和创新精神，设计的构思、立意至关重要。一项设计，如果没有立意和创新就等于没有"灵魂"，设计的难度也往往在于要有一个好的构思。具体设计时意在笔先固然好，但是一个较为成熟的构思往往需要足够的信息量，有商讨和思考的时间，因此也可以边动笔边构思，即所谓笔意同步，在设计前期和出方案过程中使立意、构思逐步明确。但关键仍然是要有一个好的构思，也就是说在构思和立意中要有创新意识。

对于室内设计来说，正确、完整，又有表现力的构思，使建设者能够通过图纸、模型、说明等全面了解设计意图，这是非常重要的。在设计投标竞争中，图纸的完整、精确、优美是第一步，因为图纸表达是设计师的语言，一个优秀室内设计方案的内涵和表达应该是统一的。

二、室内设计的步骤

根据室内设计的进程，通常可以将其分为四个阶段，即设计准备阶段、方案设计阶段、施工图设计阶段和设计实施阶段。

（一）设计准备阶段

设计准备阶段主要是接受委托任务书，签订合同，或者根据招标要求参加投标；明确设计期限并制订设计进度计划，考虑各有关工种的配合与协调问题。

明确设计任务和要求，如室内空间的使用性质、功能特点、设计规模、等级标准、总造价，需创造的室内环境氛围、文化内涵或艺术风格等。

熟悉设计有关的规范和标准，收集分析必要的资料和信息，包括对现场的踏勘以及对同类型设计实例的参观等。

签订的合同或制定的投标文件应该包括设计进度安排，设计费率标准等。设计费率标准是指设计费占室内装饰总投入资金的百分比（一般由设计单位根据设计的性质、要求、复杂程度和工作量提出设计费率，通常为 4% ~ 8%，最终与业主商议确定）。收取的设计费，也有按空间规模来计算的，即按每平方米的设计费乘以总工程面积来计算。

（二）方案设计阶段

方案设计阶段是在设计准备阶段的基础上，进一步收集、分析、运用与设计任务有关的资料和信息，构思立意，进行初步方案的设计，进行方案的分析与比较。

确定初步设计方案，提供设计文件，文件通常包括：

1. 平面图（包括家具布置），常用比例为 1：50，1：100；

2. 室内立面展开图，常用比例为 1：20，1：50；

3. 仰视图（包括灯具、风口等布置），常用比例为 1：50，1：100；

4. 室内透视图（彩色效果）；

5. 室内装饰材料实样及图纸（墙纸、地毯、窗帘、室内纺织面料、地面砖及石材、木材等均用实样，家具、灯具、设备等用实物照片）。

初步设计方案经审定后，方可进行施工图的设计。

（三）施工图设计阶段

施工图设计阶段需要补充施工必需的平面布置、室内立面和平顶等图纸，还包括构造节点详图、细部大样图以及设备管线图，并编制施工说明和造价预算。

（四）设计实施阶段

设计实施阶段即工程的施工阶段。室内工程在施工前，设计师应向施工单位进行设计意图说明及图纸的技术交底；施工期间需按图纸要求核对施工实况，有时还需根据现场实况提出对图纸的局部修改或补充（由设计单位出具修改通知书）；施工结束时，质检部门和建设单位进行工程验收。

为了取得预期效果，室内设计师必须抓好每一阶段的工作，充分重视设计、施工、材料、设备等各个方面，重视与建筑物的建筑设计、设施设计（水、电等设备工程）的衔接。同时还需协调好与建设单位和施工单位的关系，在设计意图和构思方面取得沟通与共识，以期取得理想的设计实施效果。

第三节 室内设计的风格与流派

在学习如何进行室内设计之前，应该对室内设计的风格演变与流派发展有一定了解，从而更好地进行设计。本节以较有代表性的实例为参考，着重讲解传统风格、现代风格、后现代风格、自然风格、混合型风格以及室内设计的流派。

室内设计的风格属于室内环境中的艺术与精神范畴，是某种特定的表现形式，它的形成依赖于内在因素和外在因素的共同作用。内在因素主要表现在室内设计师的个人才能与修养上；外在因素主要包括地域特征、社会人文特征、时代特征、科技发展等。需要注意的是，风格虽然主要表现为形式，但它绝不仅仅等同于或停留于形式。

从室内设计的发展历史来看，室内设计的风格主要有传统风格、现代风格、后现代风格、自然风格和混合型风格等。

一、传统风格

传统风格是现代人追求复古的常用风格，它能够给人以延续历史文脉、体现浓厚民族特征的感受。虽然是复古，但传统风格并不只是简单地复制传统符号，而是在室内空间布置、形态、色调、材质、家具以及陈设等方面，由表及里，汲取传统养分。传统风格主要包括中国传统室内装饰风格、西方传统室内装饰风格两种。

（一）中国传统室内装饰风格

中国传统室内装饰风格受建筑的影响，在空间布局方面更加注重内外空间的关联性。依托建筑，借助不同形式的门、窗、走廊等结构构件，通过通透、过渡、视觉延伸、借景、隔景、障景、漏景等空间组织手法，将室外的自然环境与室内空间很好地结合在一起。中国传统室内空间受传统建筑基本单位"间"的影响，在内部空间布局上受到一定的制约，因此，中国传统室内装饰风格更加注重空间设计方法，通过借助隔扇、罩、帷幕、博古架、屏风、屏板等空间分隔物围合空间，使空间虚实多变，层次丰富，并且常采用中轴对称的空间布局方法。

中国传统室内装饰风格受儒家思想的深远影响，更加注重室内装饰和陈设等各要素的艺术品位，要求能够体现主人的精神品位和社会地位。受中国传统艺术表现形式的影响，中国传统室内装饰在装饰陈设方面主要采用两种方法：一是运用传统书法、绘画、各类手工艺器皿、盆景、家具、雕刻等装饰手法对室内界面进行装饰；二是对建筑构件进行适当装饰，注重功能、结构、技术与形式美的巧妙结合，如对梁、枋、藻井等建筑构件进行适当彩绘，结合建筑构件的功能与装饰价值，体现了形式和内容的统一。另外，中国传统室内装饰风格比较强调人的精神和心理方面的需求，注重通过形声、形意、符号等象征手法激发人的联想，体现人们对空间意境的美好追求。

（二）西方传统室内装饰风格

西方传统室内装饰风格中最具代表性的有以下几种：哥特式室内装饰风格、欧洲文艺复兴室内装饰风格、巴洛克室内装饰风格、洛可可室内装饰风格、新古典主义室内装饰风格、维多利亚室内装饰风格、日本传统室内装饰风格、伊斯兰传统室内装饰风格。

1. 哥特式室内装饰风格

哥特式室内装饰风格产生于 12 世纪中叶，经历全盛的 13 世纪，至 15 世纪随着文艺复兴的兴起而衰落。由于这段时期基督教和教皇主宰一切，因此建筑成就主要集中于教堂建筑。为了配合基督教发展的需要，其建筑及室内装饰风格突出了"仰之弥高"的精神，强调纵向的线条美和升腾感，清冷高耸。随着新技术的发明和应用，建筑和室内空间设计都有了质的飞跃。石扶壁与飞扶壁的产生，在成就中世纪大教堂外部显著特征的同时，也给内部空间带来了前所未有的突破，开窗面积逐渐增大直至充满两柱之间，这也为绘满圣经故事的彩色玻璃花窗的出现提供了可能，阳光透过五彩的玻璃窗，惟妙惟肖地讲述着窗上绘制的圣经故事。

源自东方的尖券的使用是哥特式室内装饰风格的又一显著特点。尖券大量地应用于玻璃窗、门窗的开口及室内家具和各种装饰物细部，为直线形式的出现提供了更多的可能性，同时也对增大教堂空间和统一空间效果起到一定作用。例如，英国韦尔斯大教堂的内部结构就进行了大胆的探索和尝试，在顶部构造的十字交叉处，每一个跨距都有两个特大型的尖券，造型独一无二。

支柱强调垂直直线形式，逐渐消失的柱头与延伸下来的骨架券形成独特的毫无装饰的支柱。另外，哥特式室内装饰风格主要采用三叶式、四叶式、卷叶形花饰，兽类以及鸟类等自然形态作为设计元素。

2. 欧洲文艺复兴室内装饰风格

文艺复兴始于 14 世纪的意大利，后来逐渐遍及整个欧洲，其意为再生、复兴之意。

确切地说，文艺复兴并非对古希腊、古罗马文化的简单再生和复制，而是通过学习和研究，对古希腊、古罗马的文化和秩序进行再认知与综合。因此，它有别于后来的复古主义和折中主义。

由于文艺复兴对人性的关注，这一时期的建筑及室内装饰成就主要体现于宗教建筑和世俗建筑，古典柱式被重新采用和发展；几何图形再次被作为母题广泛应用于室内装饰中，运用古代（如山花、涡卷花饰等）建筑样式，但又能够与新技术、新结构巧妙结合，创造出不同凡响的效果。室内装饰开始采用人体雕塑、大型壁画和线形图案的锻铁饰件，室内家具造型完美、比例适度。文艺复兴是对14~16世纪欧洲文化的总称，欧洲各国的文艺复兴室内装饰风格又都有着自己的特色。

值得一提的是，由于对人文主义的强调，人作为个体跳出中世纪神学与教会的枷锁，个人成就在文艺复兴时期凸显出来，产生了如米开朗琪罗、伯鲁乃列斯基、达·芬奇等建筑艺术领域的杰出人物。思想的解放为建筑理论的产生提供了良好的土壤，产生了大量有价值的理论成果，使得文艺复兴时期成为建筑理论发展的重要阶段。例如，达·芬奇创建的以解剖学为基础的建筑空间透视图素描技巧、提出的集中式建筑理念及绘制的理想人体比例图；又如，当时很多著作中都提到采用平面图与立面图上下对齐，同时辅以剖面图和透视图的综合表现方式来表达设计意图，这种表达方式的运用有利于扩展空间理解能力；再如，人们在建筑及室内设计的过程中更加注重发挥建筑模型的作用。

3.巴洛克室内装饰风格

随着社会的发展，文艺复兴末期人们对室内装饰投入的热情逐渐大于对建筑本身投入的热情，形式主义得到了发展，并逐渐进入到一个流派众多、纷繁复杂的时期。产生于意大利，以自由奔放、充满华丽装饰和世俗格调的巴洛克室内装饰风格因最能迎合当时天主教会和各国宫廷贵族的喜好而得到了发展，从而打破了人们对古典的盲目崇拜。

巴洛克室内装饰风格注重造型变化，多采用椭圆形、曲线与曲面等生动的形式，装饰手法朝着多样化和融合性发展，将建筑空间、构件与绘画、雕塑等艺术表现手法巧妙结合，创造出更加生动的、有机的装饰手法。

这时期的成就主要集中于天顶画，通过彩绘与灰泥雕刻相结合的手法，创造亦幻亦真的拱顶镶板画、透视天棚画等，如科尔托纳主持设计的巴尔贝尼宫，其室内装饰中的天顶画给人们留下了难以磨灭的印象。巴洛克室内装饰风格在色彩方面以纯色为主，同时用金色协调；以金银箔、宝石、纯金、青铜等贵重材料营造华贵富丽之感；墙面多采用名贵木材进行镶边处理。造型复杂精致，整个室内空间端庄华贵，体现人们对美好生活的追求。

4. 洛可可室内装饰风格

17世纪末到18世纪初，洛可可风格占据主导地位，室内装饰开始倾向于追求华丽、轻盈、精致。洛可可一词是岩石和贝壳的意思，主要表明该装饰风格的自然特征。

洛可可室内装饰风格没有强调任何主题，从总体上看，室内设计更加趋于平面化，缺乏立体感。首先，墙面的装饰设计成为主要部分。墙面以大量经过精美线脚和花饰巧妙围合装饰的镶板或镜面进行装饰，整面墙体充满装饰元素，令人目眩神迷。线脚及壁画等设计均采用自然主义题材，缠绕的草叶、贝壳和棕榈随处可见。天顶画仍占有重要地位，但相较于巴洛克时期气势宏伟的天顶画，洛可可时期的天顶画突出的是田园气息，常常以蓝天、白云、枝叶等来烘托室内温柔甜美的气氛。整个室内空间装饰主要采用绘画和浅浮雕相结合的手法，造型变化丰富却无雕塑的厚重感，整体平面化给人一种轻盈的感觉；色彩上多采用嫩绿、粉红、玫红、天蓝等颜色，强调田园自然风格，线脚和装饰细节则多采用金色协调整体色调。

其次，洛可可室内装饰风格十分注重繁复精细的效果，因此，除了在界面装饰中大量运用镜面和抛光石材外，还大量选用如玻璃晶体吊灯、瓷器、金属工艺品等能够产生反光效果的陈设品。洛可可室内装饰风格十分注重线形的设计与应用，无论是围合的线框还是家具线脚，常采用回旋曲折的贝壳曲线和精巧纤细的雕饰。例如，围合绘画作品以及镜面的线框并不都是直线装饰，而是以弯曲柔美的曲线较为多见；又如，桌椅的弯脚设计，柔美灵巧。这一时期，人们具有浓厚的东方情结，因此东方的纺织品和中国陶瓷也是洛可可室内装饰风格选用较多的陈设品。

5. 新古典主义室内装饰风格

启蒙思想运动的开展，公众对矫揉造作的巴洛克、洛可可风格的厌倦，考古界对古典遗址的再次发掘，这些内在和外在的因素推动了人们对于古典文化的重新认识和再次推崇。

新古典主义室内装饰风格虽然注重以古典美作为典范，但是更加注重现实生活中的功能性，整个室内空间设计体现出庄重、华丽、单纯的格调。其风格意图从古典美的逻辑规律和理性原则中寻求精神的共鸣与心灵的释放，以简洁的几何形和古典柱式作为设计的母题。在功能空间的布局上，更加符合人们对于空间的使用要求，力求布局舒适，功能合理。

6. 维多利亚室内装饰风格

维多利亚室内装饰风格是因英国维多利亚女王而得名，其在位的近一个世纪里欧美国家流行的风格被统称为维多利亚风格。因其覆盖面广和时间长，所以维多利亚风格所呈现的具体风格样式并不是统一的，而是体现为各种欧洲古典风格的折中主义，同时受资产阶级利益驱使仍追求繁琐华贵的装饰手法。

折中主义追求形式的外在美，注意形体的表达，讲究比例，对于具体的装饰手法和表现语言却没有严格的固定程式，反而任意模仿历史上的各种风格，或对各种风格进行自由组合。这一时期的折中主义在某种程度上体现了人们对于创新的需求和美好的愿望，促进了新观念、新形式的产生。

7. 日本传统室内装饰风格

日本传统室内装饰风格最引人注目的是，始终坚持与自然环境保持协调关系。日本人秉承的自然观特别强调人应该作为自然的一部分，进而融入自然，因此，非常重视建筑物周围自然景物的设计及室内空间环境与自然景物的关系。日本传统室内装饰风格简朴，没有过多陈设家具，注重细节设计。日本镰仓、室町时代的住宅由寝殿造（是指日本早期飞鸟、奈良、平安时代出现的房屋整体空间布局对称，没有固定墙壁，只有活动拉门的住宅样式）向书院造过渡，这也是今天盛行的日本和风设计的渊源。室内空间更加开阔、空间划分更加灵活、室内装饰仍以简朴清雅为主，只在押板和违棚处悬挂字画和摆放插花等作为装饰。日本传统室内装饰风格以一叠"榻榻米"作为单位，这也是日本和风室内装饰的重要元素之一。

二、现代风格

（一）新艺术运动室内装饰风格

从某种意义上说，新艺术运动室内装饰风格是真正的创新。它以一种全新的装饰手法，借助工业时代的新技术、新材料，完全摒弃了古典和传统。这种全新的手法运用抽象的图案模仿自然界草本花卉形态的曲线，注重线条的流畅与柔美，对曲线的应用深入到每个细节，如建筑构件、家具、陈设及界面装饰等各个方面，体现了"曲线美胜于一切"的理念。

比利时建筑师维克多·奥尔塔和西班牙的设计师安东尼奥·高迪是这一风格的领军人物。维克多·奥尔塔在布鲁塞尔的都灵路 12 号住宅设计中，突出曲线和标新立异的造型。缠绕盘结在两柱上的铁质卷须造型，形象流畅、趣味盎然。这种缠绕的卷须造型在墙面、地面及部分构件的装饰中都有运用。安东尼奥·高迪的设计作品与奥尔塔的风格不同，他更善于将建筑和室内空间看作剧场的舞台，注重造型及雕塑方面的戏剧性效果。这种风格不但体现在建筑外形、室内空间上，同时还表现在家具和固定构件等部位，如卡尔维特之家的家具设计，造型气韵流动。值得一提的是，设计师将光怪陆离的造型手法和具体功能很好地结合起来，如卡尔维特之家餐厅门上的数字设计及金属门把手设计。

（二）包豪斯室内装饰风格

现代主义风格起源于 1919 年包豪斯学派的成立，以瓦尔特·格罗皮乌斯创建于德国魏玛的包豪斯学校而得名。包豪斯学校被称为 20 世纪最具影响力，同时也是最具争议的艺术学校，但于 1933 年被极端排斥现代主义的纳粹分子关闭。20 世纪以来，欧美发达国家的工业技术发展迅猛，为艺术文化领域的变革提供了物质基础，现代主义应运而生。它主张设计应该满足时代要求，应该为广大民众服务，实现其最大价值，而不应只作为少数人的陈设赏玩存在。

包豪斯室内装饰风格造型简洁，能够与工业化批量生产相适应，这样才能更好地使设计服务于广大民众。设计领域也从过去的宗教建筑、世俗建筑、贵族的陈设品扩展到大众生活的方方面面。代表作有瓦尔特·格罗皮乌斯和汉斯·迈耶共同设计的法古斯工厂。

包豪斯室内装饰风格注重功能空间的结合，结构与审美的组合，艺术与技术的统一。整个室内空间及内部家具等造型简洁，去除多余装饰。包豪斯室内装饰风格认为，合理的功能空间组织、工艺构成、材料性能才是设计的根本；在现代教育理念方面，主张设计与工业生产相结合，学生应该在做中学。这时期的主要代表人物有建筑师瓦尔特·格罗皮乌斯、密斯、赖特、汉斯·迈耶，家具设计师马谢·布鲁尔，以及教育先驱纳吉和瓦西里·康定斯基等。

现代主义各种风格的产生和发展与优秀的建筑师和设计师分不开。他们在整个现代主义的时代背景下，通过多年的研究、实践，逐渐形成了其个人的、独特的设计风格。

1. 赖特室内装饰风格

赖特室内装饰风格得名于建筑师弗兰克·劳埃德·赖特，早期，他提出了具有自然风格倾向的"草原风格"，主张建筑首先应该与周围环境相融合，即使造型新颖，也应该是环境的一部分。赖特强调室内明亮宽敞，通常很少装饰，建筑内外是相互渗透、有机联系的。晚年时期，赖特仍然坚持"建筑设计和室内设计是环境的一部分"这一设计理念，但室内设计更加强调对自然有机物的研究和深刻理解。其晚年大多数作品的灵感都来源于大自然。赖特认为"有机建筑是由内而外的建筑，它的目标是整体性，有机表示的是内在，是哲学意义上的整体性"。秉承这一理念，其建筑设计体现了由内而外的、形式和功能合一的特点，形成一条完全不同的设计道路，如流水别墅、古根海姆博物馆、约翰逊制蜡公司办公楼等。为了寻求内外风格的统一，设计师除设计建筑、室内空间外，还对室内陈设品进行了相应的设计，如家具、灯具等。由于赖特自始至终都强调建筑和室内设计是环境的一部分，因此，其设计作品中具有很强的场所精神，更能植根于环境，是如同植物般生长于大地上的建筑。

2. 勒·柯布西耶室内装饰风格

法国建筑师勒·柯布西耶是现代主义先驱之一，他是现代主义大师中论述最多、最全面的，同时也是集绘画、雕塑和建筑艺术于一身的大师。早期，他提出住宅应该是"居住的机器"，应该将美学与技术相结合，应该体现时代精神，应该是由内到外的设计。体现其早期设计理论的作品萨伏伊别墅，被认为有着重要的历史意义，是对现代主义建筑的良好总结。之后，人们便用以下标准来衡量和界定现代主义建筑：

（1）建筑底层采用独柱进行架空；

（2）外立面上具有水平的横向长窗；

（3）建筑具有自由的平面，建筑的框架结构允许使用者按自己的需要和意愿进行自由组合和划分；

（4）整个建筑外立面具有自由的立面形式，外墙不是整体式的，可以分为窗户和其他一些必要的部件，即可以采用虚实变化的设计形式；

（5）由于建筑本身占用了绿化面积，因此，在屋顶设置花园，体现现代建筑亲近自然的人性关怀。

勒·柯布西耶晚年的作品更具粗野主义和宗教神秘主义的风格，如朗香教堂，无论是建筑外形还是内部空间，或是内部陈设装饰，都表现了设计师独特的设计能力。

3. 密斯·凡德罗室内装饰风格

密斯·凡德罗曾于 1930—1933 年担任包豪斯学校校长，是国际主义的领军人物。密斯通过不断探索、总结、尝试，提出了著名的"少就是多"的设计理念。他早期的巨作巴塞罗那博览会德国展览馆，充分体现了他在空间设计方面的超凡能力，同时体现了"少就是多"的设计理念。整个展览馆去除多余的装饰、复杂的陈设、刻意的变化，墙体和结构设计恰到好处。观众游走于其中，视线开合有序，整个设计在静态中展现了空间的连贯性和富于变化的流动性，充分体现了"流通空间"和"全面空间"的空间设计理念。"少就是多"理念影响了整个现代主义和国际主义，"少"并非空白，而是通过简洁的形式语言赋予设计最完美的表现。密斯对于"少"的处理手法突出表现于空间与细部处理两方面，这使得如钢材、玻璃等现代的、冰冷的材质在密斯的建筑设计中充满生机与活力。

密斯还对家具设计十分感兴趣，他设计的巴塞罗那椅、镀铬钢管椅、"先生"椅至今仍在现代家具设计中占据一席之地。

三、后现代风格

"后现代"一词最早由西班牙作家德·奥尼斯在其《西班牙与西班牙语类诗选》一书中提出，用以描述现代主义内部发生的逆变。后现代主义被发展为建筑理论基础，还要归功于建筑大师罗伯特·文丘里，他在 1966 年的《建筑的复杂性与矛盾性》一书中提出，现代主义过于崇拜的理性的、逻辑的理念是对建筑和设计的人情味及生活化的扼杀，最终导致建筑设计的乏味，使人们产生视觉甚至身心的疲劳。后现代主义的建筑风格和室内装饰风格与现代主义是完全不同的，它从现代主义和国际主义风格的土壤中衍生出来，却对它们进行了彻底的反思、批判和修正，是某种程度的超越。这种超越和修正并没有明确的界限，因此在后现代风格的统领下，又存在着不尽相同的多种立足点和表现特征。

戏谑的古典主义是对现代主义和国际主义理性的、逻辑的批判，属于后现代主义的范畴。戏谑的古典主义室内装饰风格充满了游戏、调侃的色彩，将不同历史时期、不同地域、不同国家的语言和符号组合在一起，使得室内空间更具有喜剧感和象征性。具体手法有扭曲、变形、断裂、错位和夸张等。

后现代风格的设计采用大胆、夸张的设计语言，运用适当的比例、尺度、符号等，注意细节装饰，有时采用折中主义手法，使得设计内容更加丰富，整体室内装饰风格更加多元。后现代风格代表人物有罗伯特·文丘里、格雷夫斯、约翰逊和汉斯·霍拉因等。

四、自然风格

现代人在高科技、快节奏的社会中工作和生活，长时间被钢筋混凝土包裹，进而迫切想回归自然，追求身心自由。人们向往室外大自然的清新气息，追求朴素的设计风格和理念。自然风格的室内设计满足了人们追求自然美和自然情趣的需求。自然风格的室内设计，无论是对界面的设计还是对陈设品的设计选用，通常都采用如木、石、竹、藤、麻等天然材质来完成，并尽量体现它们天然纹理的美感。

此外，自然风格的室内设计还喜欢通过模拟某一地域的自然特征或将自然物引入室内来体现整个室内空间的自然趣味，具体可以通过具象和抽象两种手法来完成。例如，在室内引入具象的树木、竹子、山石等，也可通过现代技术和材料以抽象的形式营造自然情趣。

虽然手法多样，但最终都是追求"回归自然"，满足人们心理和生理的需要。田园风格由于设计宗旨和手法与自然风格相似，因此两者也常被归为一类。

对自然风格的追求，还存在地域特征。不同地域、不同民族的人们对自然的理解和审美存在着一定的民族性差异。例如，东方和西方对自然的审美存在着差异，中国的西藏、云南和江南地区的人们在自然审美方面也存在着一定差异。这就需要将"乡土风格""地方风格"和"自然风格"有机地结合在一起。

五、混合型风格

混合型风格是随着现代室内设计多元化的发展趋势应运而生的。混合型风格的室内设计是在确保使用功能的前提下，采用多种手法对古今中外的各种风格进行混搭糅合，以突出创新，从而产生丰富的格调。这种风格类似于折中主义的设计风格，注重比例尺度和细节推敲，追求形式美感。

六、室内设计的流派

随着室内设计与建筑设计逐渐分离，20世纪后期，室内设计获得了前所未有的发展，呈现出欣欣向荣的景象。

（一）高技派

高技派是随着科学技术的发展而出现的，高技派主张室内空间要充分体现现代科学技术及新工艺、新材料的应用，将体现机械美作为室内设计的宗旨。高技派的室内设计除大量采用高强度钢、高强度玻璃、硬铝、合成材料等新材料外，还十分注重通过细节表现科技感，常采用内部结构外露的方法，给人以技术和科技充斥于每个角落的感觉。为了体现结构和技术，围合空间的各界面常采用透明和半透明材料以达到理想的透视效果，如采用透明材质对电梯和自动扶梯的传送装置进行处理。高技派的代表作有法国的现代阿拉伯世界研究中心、巴黎蓬皮杜艺术中心、香港汇丰银行。

（二）解构主义

解构主义始于20世纪80年代后期，是对正统设计理念和设计准则的批判与否定。其设计常采用扭曲、错位、变形、夸张、肢解、重构等手法，使整个室内空间表现出失衡、无序、突变、动态。解构主义室内空间常表现为富于变化和错综复杂，构成这种复杂性的元素以无关联的片段形式进行堆叠，没有一般意义上的秩序感和合理性。由于设计手法凸显冲突和突变，因此解构主义的室内空间更加具有喜剧效果，更具有感染力。由于解构主义并不依从于传统的设计理念和原则，所以更能体现设计师的个人风格。例如，弗兰克·盖里设计的盖里住宅、西班牙古根海姆博物馆、美国洛杉矶迪士尼音乐厅等。英国女建筑师扎哈·哈迪德也是解构主义的代表人物，其代表作有日本札幌文松酒吧、维特拉消防站、辛辛那提当代艺术中心等。

（三）极简主义

极简主义主张室内空间的单纯、抽象，认为在满足功能需要基础上的"少"才是室内设计的真谛。极简主义的室内设计十分重视对室内空间每个构成要素的尺度把握和形体塑造，力求以简单的、规则的或不规则的几何形式构造简洁明了的有序的空间形象。由于设计中强调形体的单纯和抽象，所以色彩和材质的合理运用、光与影的协调就成为诠释和丰富空间形象的最好方法。极简主义室内空间常给人安静闲适的感觉，整个空间具有雕塑感和构成感，例如，法国的拉皮鲁兹酒店和日本的 Itchoh 吧。

（四）超现实派

超现实派的室内设计以超越理性客观存在的纯艺术手法来设计空间，以满足人们心理和视觉上的猎奇。在室内设计中常独出心裁，多采用古怪荒诞的造型和寓意创造奇幻的空间效果，使人产生置身于舞台的感觉。设计中大胆运用悖于逻辑的方式，利用照明、色彩和材质烘托气氛，例如将毛皮用于顶面装饰等。总之，超现实派的室内空间尽可能地采用超乎想象的方式进行设计。

（五）白色派

白色派室内设计是以室内大面积采用白色而得名的。室内背景色中除地面不受色彩限制外，其他均为白色，这样的背景色能够给室内空间中的陈设品提供展示的舞台。由于以白色为基调色，因此，光线对空间表现起着重要的作用。早期的白色派室内设计简洁朴实，随着经济和社会的发展，人们更多地倾向于将白色与其他色彩进行搭配。

第二章 室内软装设计与相关学科

室内设计是一门综合性学科，兼具艺术性和科学性。作为一名合格的室内设计师，除了应该掌握大量的设计理论以外，还要不断学习其他学科中的有益知识，使自己的设计作品具有丰富的科学内涵。人体工程学、环境心理学、环境生态学等学科与室内设计关系密切，对于创造宜人舒适的室内环境具有重要的意义，设计师应该对这些学科的知识有所了解。

第一节 室内软装设计与人体工程学

人体工程学是一门独立的现代新兴学科，它的学科体系涉及人体科学、环境科学、工程科学等诸多门类，内容十分丰富，其研究成果已开始被广泛应用在人类社会生活的诸多领域。人体工程学是以生理学、心理学等学科为基础，研究如何使人 - 机 - 环境系统的设计符合人的身体结构和心理特点，以实现人、机、环境之间的最佳匹配，使处于不同条件下的人能有效、安全、健康和舒适地进行工作与生活的科学。人体工程学为设计中考虑"人的因素"提供人体尺寸参数，为设计中"物的功能合理性"提供科学依据，为设计中考虑"环境因素"提供设计准则，为设计人 - 机 - 环境系统提供理论依据。室内设计的服务对象是人，设计时必须充分考虑人的生理、心理需求，而人体工程学正是从关注人的角度出发来研究问题的学科。因此，室内设计师有必要了解和掌握人体工程学的有关知识，自觉地在设计实践中加以应用，以创造安全健康、便利舒适的室内环境。

一、人体工程学的起源和历史

人体工程学是研究人、机、环境之间的相互关系、相互作用的学科。人体工程学起源于欧美，时间可以追溯到 20 世纪初期。它产生的背景是，在工业社会广泛使用机器设备实行大批量生产的情况下，探求人与机械之间的协调关系，以改善工作条件，提高劳动生产率。第二次世界大战期间，为充分发挥武器装备的效能，减少操作事故，保护战斗人员，在军事科学技术中开始探索和运用人体工程学的原理和方法。例如，在坦克、飞机的内舱设计中，要考虑如何使人在舱体内部有效地操作和战斗，并尽可能减少人长时间处于狭小空间的疲劳感，即处理好人 - 机（武器）- 环境（内舱空间）的协调关系。第二次世界大战后，欧美各国进入了大规模的经济发展时期，各国把人体工程学的研究成果迅速有效地运用到空间技术、工业生产、建筑及室内设计等领域中，人体工程学得到了更大的发展。1961 年国际人类工效学协会（International Ergonomics Association，IEA）正式成立。

当今社会已经进入信息时代，各行各业都重视以人为本、为人服务。人体工程学强调从人自身出发，在以人为主体的前提下，研究人们衣、食、住、行及一切生活、生产活动，并进行综合分析，达到符合社会发展的需求。人体工程学在各个领域的作用越来越显著。

二、人体工程学的定义

IEA 为人体工程学所下的定义被认为是最权威、最全面的，即人体工程学是研究人在某种工作环境中的解剖学、生理学和心理学等方面的各种因素，研究人和机器及环境的相互作用，研究在工作中、家庭生活中和休闲时怎样统一考虑人的健康、安全和舒适等问题的学科。

结合我国人体工程学发展的具体情况，并联系室内设计，可以将人体工程学定义为：以人为主体，运用人体测量学、生理学、心理学和生物力学等学科的研究手段和方法，综合研究人体结构、功能、心理、力学等方面与室内环境各要素之间的协调关系，使室内设计适合人的身心活动要求。其目标是服务于人的安全、健康、高效和舒适。

三、人体尺寸

人体测量及人体尺寸是人体工程学中的基本内容，各国的研究工作者都对自己国家的人体尺寸做了大量调查与研究，发表了可供查阅的相关资料及标准，以下就人体尺寸的一些基本概念和基本应用原则予以介绍。

人体尺寸可以分成两大类，即静态尺寸和动态尺寸。静态尺寸是被试者在固定的标准位置所测得的躯体尺寸，也称结构尺寸。动态尺寸是在活动的人体条件下测得的躯体尺寸，也称功能尺寸。虽然静态尺寸对某些设计来说具有很好的参考意义，但在大多数情况下，动态尺寸的用途更为广泛。

在运用人体动态尺寸时，应该充分考虑人体活动的各种可能性，考虑人体各部分协调动作的情况。例如，人体手臂的活动范围绝不仅仅取决于手臂的静态尺寸，必然受到肩的运动和躯体的旋转等情况的影响。因此，人体手臂的动态尺寸远大于其静态尺寸，这一动态尺寸对大部分设计任务而言更有参考意义。采用静态尺寸，会使设计的关注点集中在人体尺寸与周围边界的静止状态，而采用动态尺寸则会使设计的关注点更多地集中于操作功能上。

1. 按较高人体高度考虑空间尺度，如楼梯顶高、栏杆高度、阁楼及地下室净高、门洞的高度、淋浴喷头高度、床的长度等，一般可采用成年男性人体身高幅度的上限1730mm，再另加鞋厚20mm。

2. 按较低人体高度考虑空间尺度，如楼梯的踏步、厨房吊柜、挂衣钩及其他空间置物的高度，盥洗台、操作台的高度等，一般可采用成年女性人体的平均身高1560mm，再另加鞋厚20mm。

3. 一般建筑内使用空间的尺度可按成年人平均身高 1670mm（男）及 1560mm（女）来考虑，如剧院及展览建筑中考虑人的视线高度以及桌椅的高度等。当然，设计时也需要另加鞋厚20mm。

四、人体工程学在室内设计中的运用

人体工程学作为一门新兴的学科，在室内设计中的应用深度和广度还有待于进一步开发，目前人体工程学在室内设计中的运用主要体现在以下几个方面：

（一）确定人在室内活动所需空间

根据人体工程学中的有关测量数据，从人体尺寸、人体活动空间、心理空间及人际交往空间等方面获得依据，从而在室内设计时确定符合人体需求的不同功能空间的合理范围。

（二）确定家具、设施的形体、尺度及其使用范围

室内家具、设施使用的频率很高，与人体的关系十分密切，因此，无论是人体家具还是储存家具都要满足人的使用要求。属于人体家具的椅、桌、床等，要让人坐着舒适，书写方便，睡得香甜，安全可靠，减少疲劳感。属于储存家具的柜、橱、架等，要有适合储存各种物品的空间，并便于人们存取。属于健身休闲公共设施的，要有适合的空间满足人们的活动要求，使人感到既安全又卫生。为满足上述要求，设计家具、设施时必须以人体工程学作为指导，使家具、设施符合人体的基本尺寸和从事各种活动需要的尺寸。如：高橱柜的高度一般为 1800~2200mm；电视柜的深度为450~600mm，高度一般为 450~700mm。而坐写使用的家具（如桌椅等），应根据人在坐姿时，从坐骨关节节点为准计算，一般沙发高度以 350~420mm 为宜，其相应的靠背角度为 100°；躺椅的椅面高度一般为 200mm，其相应的靠背角度为 110°。同时，人体工程学还应考虑在这些家具和设施的周围留有人体活动和使用的最小余地。

（三）提供适宜人体的室内物理环境的最佳参数

室内物理环境主要包括室内声环境、热环境、光环境、重力环境、辐射环境、嗅觉环境、触觉环境等。有了适应人体要求的相关科学参数后，在设计时就可以做出比较正确的决策，设计出舒适宜人的室内物理环境。如会议室一般谈话的正常语音距离为 3m，强度为 45dB；生活交谈时的正常语音距离为 0.9m，强度为 55dB 等。另外，室内温度和相对湿度至关重要，经试验证明，起居室内的适宜温度是 16~24℃，相对湿度是 40%~60%，冬季最好不要低于 35%，夏季最好不高于 70%。人体工程学提供了适宜人体的室内物理环境的最佳参数，帮助室内设计师做出正确的决策。

（四）为室内视觉环境设计提供科学依据

室内视觉环境是室内设计的一项重要内容，人们对室内环境的感知在很大程度上是依靠视觉来完成的。人眼的视力、视野、光觉、色觉是视觉的基本要素，人体工程学通过一定的实验方法测量得到的数据，对室内照明设计、室内色彩设计、视觉最佳区域的确定提供了科学的依据。

五、特殊人群设计尺寸

（一）老年人室内设计

人们随着年龄的增长，身体各部分的机能，如感觉机能、运动机能、免疫机能等都会逐步衰退，心理上也会发生很大的变化。这些机能的衰退是人到老年后必然会发生的生理现象，将导致眼花、耳聋、视力减退、记忆力减退、肢体灵活度降低等问题，所以老年人更容易发生突然性的病变或事故；而心理上的变化则使老年人安全感下降、适应能力减弱，出现失落感和自卑感、孤独感和空虚感。对于老年人的这些生理、心理特征，应该在室内设计中予以特别关注。随着我国人口结构的逐步老龄化，针对老年人的室内设计更应引起人们的高度重视。

在室内空间和家具设计中，人体尺寸是十分重要的参考数据，比如家具设计的功能尺寸和室内设计的空间活动尺寸很大程度上要和人体尺寸相关联。那么，针对老年人这一特定群体进行设计时，同样需要将他们的身体尺寸作为重要的参考依据。

老年人的身体尺寸并不能直接等同于当地普通成年人的身体尺寸，很大原因是老年人的身体各部位机能均开始出现不同程度的退行性变化。一般来说，女性 60 岁以上、男性 65 岁以上开始出现生理衰老的现象，随着年龄的增长，其生理机能和形态上的退化逐渐加剧。因此，掌握老年人的身体尺寸与普通成年人之间的差异，也是优化室内设计的前提条件。

目前，虽然我国还没有制定相关规范，但根据老年医学的研究资料也可以初步确定老年人的基本尺寸。老年人由于代谢机能降低，身体各部位产生相对萎缩，最明显的是身高的萎缩。据老年医学研究，人在 28~30 岁时身高达到最大值，35~40 岁之后逐渐出现衰减。老年人一般在 70 岁时身高会比年轻时降低 2.5%~3%，女性的身高缩减有时最大可达 6%。根据身高的降低率可大致推算出老年人身体各部位的标准尺寸。

（二）儿童室内设计

儿童的生理特征、心理特征和活动特征都与成年人不同，因而儿童的室内空间有别于成年人的室内空间。为了便于研究和实际工作的需要，根据儿童身心发展过程，结合室内设计的特点，把儿童成长阶段划分为：婴儿期（3 岁以前）、幼儿期（3~6、7 岁）和童年期（6、7~11、12 岁）。设计师要了解儿童不同成长阶段的典型心理和行为特征，有针对性地进行儿童室内空间的设计，创造出适合儿童使用的室内空间。使其符合儿童体格发育的特征，适应儿童人体工程学的要求。

我国自 1975 年起，每隔 10 年就对 9 个城市及其郊区儿童体格发育进行一次调查、研究，提供中国儿童的生长参照标准。综合现有的儿童人体测量数据与统计资料，我们总结了儿童的基本人体尺寸，可作为现阶段儿童室内设计的参考依据。

（三）残疾人室内设计

残疾人的人体尺寸和活动空间是残疾人室内设计的主要依据。在过去的建筑设计和室内设计中，都是依据健全成年人的使用需要和人体尺寸为标准来确定人的活动模式和活动空间，其中许多数据都不适合残疾人。所以，室内设计师还应该了解残疾人的人体尺寸，全方位考虑不同人的行为特点、人体尺寸和活动空间，真正遵循"以人为本"的设计原则。

在我国，1989 年开始实施的国家标准《中国成年人人体尺寸》中没有关于残疾人的人体测量数据，所以目前仍需借鉴国外资料，在使用时根据中国人的人体特征进行适当的调整。由于日本人的人体尺寸与我国比较接近，所以这里将主要参考日本的人体测量数据对我国残疾人人体尺寸和活动空间提出建议。

无论是处于婴儿期的人，还是出现暂时行动障碍的人，抑或是步入老年期的人，都需要环境给予充分的支持，以保证其在任何时候都能生活在一个安全舒适的环境中，得到社会的尊重，并享有各自在生存权上的平等。只有这样，才能保证社会的和谐与可持续发展。

第二节　室内设计与环境心理学

　　环境心理学的研究是用心理学的方法来对环境进行探讨，以人为本，从人的心理特征出发来研究环境问题，从而使我们对人与环境的关系、怎样创造室内人工环境等都产生新的更为深刻的认识。因此，环境心理学对于室内设计具有非常重要的意义。

一、环境心理学的含义与研究内容

　　环境心理学是一门新兴的综合性学科，于 20 世纪 60 年代末在北美兴起，此后先在英语国家，继而在全欧洲和世界其他地区迅速传播和发展。环境心理学的内容涉及医学、心理学、社会学、人类学、生态学、环境保护学及城市规划学、建筑学、室内环境学等诸多学科。就室内设计而言，在考虑如何组织空间，设计好界面、色彩和布局，处理好室内环境各要素的时候，都必须注意使室内环境符合人们的行为特点，能够与人们的心理需求相契合。

二、室内设计中的环境心理学因素

　　在室内设计中，除了考虑尺寸因素，我们还需要考虑人的心理因素，保持良好的个人空间，比如在寝室空间中就需要良好的个人空间来保证一定的私密性。这就是尺寸与心理因素结合的问题。

（一）个人空间、领域性与人际距离

　　1. 个人空间

　　个人空间指在某个人周围具有无形边界的区域，起自我保护作用。破坏个人空间会使人产生不舒服、厌烦、生气、泄气等情绪。比如，在公共场所中，一般人不愿意夹坐在两个陌生人中间，公园长椅上坐着的两个陌生人之间会自然地保持一定的距离。要设计良好的个人空间，就需要研究私密性，私密性主要是通过明确个人空间的边界和表明空间的所属权来完成的。私密性可以分为三个层次，当所获得的私密性比所期望的层次低时，人就会感到拥挤；当所获得的私密性比所期望的层次高时，人就会感到孤独；只有需求和实际达到一致时，人才会感到舒服。人的选择范围越大，私密性就会越好。

　　2. 领域性

　　领域性是个人或群体为满足某种需要，拥有或占用一个场所或一个区域，并对其加以人格化和进行防卫的行为模式。人在室内环境中进行各种活动时，总是力求其活

动不被外界干扰或妨碍。不同的活动有其必需的生理和心理范围，人们不希望轻易被外来的人与物（指非本人意愿、非从事活动参与的人与物）打扰。

3. 人际距离

室内环境中的个人空间常常需要与人际交流、接触时所需的距离一起进行通盘考虑。人际接触根据不同的接触对象和不同的场合，在距离上各有差异。人类学家霍尔以对动物的行为研究经验为基础，提出了"人际距离"的概念，并根据人际关系的密切程度、行为特征来确定人际距离的不同层次，将其分为密切距离、个体距离、社会距离和公众距离四大类；每类距离中，根据不同的行为性质再分为近区与远区。例如：在密切距离（0~45cm）中，亲密、对对方有嗅觉和辐射热感觉的距离为近区（0~15cm），可与对方接触握手的距离为远区（15~45cm）。由于受到不同民族、宗教信仰、性别、职业和文化程度等因素的影响，人际距离的表现也有所差异。

（二）私密性与尽端趋向

如果说领域性主要讨论的是有关空间范围的问题，那么私密性更多的是在相应的空间范围内对人的视线、声音等方面的隔绝要求。私密性在居住类室内空间中的要求尤为突出。

日常生活中，人们会非常明显地观察到，集体宿舍里人们总是愿意挑选房间尽端的床铺，而不愿意选择离门近的床铺，这可能是出于生活、就寝时能相对较少地受干扰的考虑。同样的情况也可见于餐厅中就餐者对餐桌座位的挑选。相对来说，人们最不愿意选择近门处及人流频繁通过的座位。餐厅中靠墙卡座的设置，在室内空间中形成了受干扰较少的"尽端"，更符合人们就餐时"尽端趋向"的心理要求，所以很受欢迎。

（三）依托的安全感

人们在室内空间活动时，从心理感受上来说，并不是空间越开阔、越宽广越好。在大型室内空间中人们通常更愿意靠近能让人感觉有所"依托"的物体。在火车站和地铁站的候车厅或站台上，仔细观察会发现，在没有休息座位的情况下，人们并不是较多地停留在最容易上车的地方，而是更愿意待在柱子边上。人群相对汇集在候车厅内、站台上的柱子附近，适当地与人流通道保持距离。在柱子边，人们感到有"依托"，更具安全感。

（四）从众与趋光心理

在紧急情况时，人们往往会盲目地跟着人群中领头的几个急速跑动的人移动，而不管其去向是否是安全疏散口。当火警发生烟雾开始弥漫时，人们无心关注标识及文字的内容，往往跟着领头的几个人跑动，形成整个人群的流向。上述情况即属于从众行为。另外，人们在室内空间中流动时，具有从暗处往较明亮处流动的趋向。在紧急情况时，语音的提示引导会优于文字的引导。

这种从众现象提示设计师在设计公共场所室内环境时，首先要注意空间与照明等的导向，标识与文字的引导固然也很重要，但从发生紧急情况时人的心理与行为来看，更需要高度重视空间的照明、音响设计。

（五）好奇心理与室内设计

好奇心理是人类普遍具有的一种心理状态，能够导致相应的行为，尤其是探索新环境的行为。它对于室内设计具有很重要的影响，可以使室内设计别出心裁。诱发人们的好奇心，不但可以满足人们的心理需要，而且还能加深人们对室内环境的印象。对于商业空间来说，有利于吸引新老顾客，同时由于探索新环境的行为可以诱导人们在室内行进和延长停留的时间，因此有利于产生购物行为。心理学家通过大量实验分析指出，不规则性、重复性、多样性、复杂性和新奇性五个特性比较容易诱发人们的好奇心理。

1. 不规则性

不规则性主要是指空间布局的不规则。规则的布局使人一目了然，很容易就能了解空间的全部情况，也就难以引发人们的好奇心。于是，设计师就用不规则的布局来引发人们的好奇心。一般用对整体结构没有影响的物体（如柜台、绿化、家具、织物等）来进行不规则的布置，以打破整体结构的规则布局，营造活泼氛围。例如，法国建筑事务所位于一座建于 19 世纪的工业建筑中，整个办公室上空是开放的钢构架，并装配有自洁玻璃；建筑中央是一个 1.7m×22m×14m 的木质结构，它重新定义并组织了一个多层次空间系统；各种绿植分散在整个空间中，让办公室看起来更像一个开阔的花房而不是一个单调的办公空间。

2. 重复性

重复性不仅指建筑材料或装饰材料数目的增多，而且也指事物本身重复出现的次数。当事物的数目不多或出现的次数较少时，往往不会引起人们的注意，容易一晃而过，只有事物反复出现，才容易被人注意，引起人们的好奇心理。

3. 多样性

多样性是指形状或形体的多样性，另外也指处理方式的多种多样。泰国 Mega Bangna 山谷购物中心的室内设计就很好地体现了多样性，透明的垂直升降梯和错位分布的多部自动扶梯统一布置在巨大的弧形玻璃天棚下，通过空间组织和各种建筑元素结合在一起，将自然环境转变为独特的购物空间。一系列最小倾斜比例为 1∶15 的人行道，从上到下平缓地下降，创造出类似"登山"的体验。这些细节手法丰富和完善了室内环境，在考虑人们购物方便的同时，也考虑了人们在其中的休闲交往活动。

4. 复杂性

运用事物的复杂性来增强人们的好奇心理也是设计中常见的手法。特别是进入后工业社会以后，人们对于千篇一律、缺少人情味的大量机器生产的产品感到厌倦和不满，希望设计师能创造出变化多端、丰富多彩的空间来满足人们不断变化的需要。

5. 新奇性

新奇性是指新颖奇特、出人意料、与众不同，令人耳目一新。在室内设计中，为了达到新奇性的效果，常常运用以下三种表现手法：

（1）室内环境的整个空间造型或空间效果与众不同；

（2）把一些日常事物的尺寸放大或缩小，使人觉得新鲜有趣；

（3）运用一些形状奇特新颖的雕塑、装饰品、图像和景物等诱发人们的好奇心理。

除了以上所述的五种特性外，诸如光线、照明、镜面、特殊装饰材料甚至特有的声音和气味等，也常常被用来激发人们的好奇心理。

三、环境心理学对室内设计的影响

（一）色彩对心理环境的影响

人们总是最先用视觉来感受环境，在室内设计中，色彩的运用占据"第一眼"的位置。室内环境色彩不仅可以带给人美的享受，而且影响着人的情绪及工作和生活效率。因此，色彩在室内设计中起着非常重要的作用。对于设计师来说，正确利用室内环境色彩的心理效应不但能烘托室内的氛围，而且可以创造舒适的室内环境。在路易斯·巴拉干的作品吉拉迪住宅中，色彩能够给人强大的感染力，充满了浪漫和宁静的意味，创造出充满情感、诗意的深邃意境。

（二）材料对心理环境的影响

不同的材料有不同的质感表现和各具特色的构造细部，可以渲染和强化室内的环境气氛，从而影响人的心理状态。在创造空间时，应十分重视表层选材和处理，强调素材的肌理。这种经过过滤的空间效果具有冷静的、光滑的视觉表层性，它牵动人们的情思，使生活在其中的人产生联想，回归自然的情绪得到补偿。在造型纯净化、抽象化的过程中，创造新的肌理效果，强调人们对肌理效果的心理效应已成为现代室内设计刻意追求的内容。例如，利用带有古朴色彩的材料及浓郁地方色彩的装饰细部与线脚来唤起一种"熟悉"的感觉，使人们触景生情，获得认同感。

（三）空间形状对心理环境的影响

由各个界面围合而成的室内空间，其形状特征常会使活动于其中的人们产生不同的心理感受。例如，正方形、圆形、六边形等，安稳而没有方向感，这类空间适合表达严肃、隆重的氛围；矩形的空间，有横向延伸、展示和欢迎的感觉，纵向有引导的感觉。

著名建筑设计师贝聿铭先生曾对他的作品——华盛顿国家美术馆东馆有很好的论述。他认为，具有三角形斜向的空间常给人以动态和富有变化的心理感受。

（四）光影对心理环境的影响

在运用光影塑造情感空间的时候，设计师往往从光源的布局、形态等方面入手，通过强化、弱化、虚化、实化等表现方式，渲染特定的空间氛围。理查德·迈耶就是这样一位善于塑造优美光影空间的大师。他强调面的穿插，运用垂直空间和天然光线在建筑上的反射达到光影丰富的效果，"在纯形式原则内创造空间的抒情诗"。

"光"除了满足功能需求外，还能对人们的情感产生一定的影响。利用光影的艺术规律和表现力可以使室内空间环境具有人们需求的气氛和意境，满足人们的生理和心理需求。安藤忠雄也是操纵光影的大师，他运用光影使作品震撼人心，运用自然光线制造非常丰富的光影效果，营造能够表达具有文化特色甚至是带有一些精神力量特质的光线环境。比如，小筱住宅是安藤忠雄对光影运用的佳作，小筱住宅的起居室顶棚有两层高，采用了顶部采光的方法，阳光从顶部渗透下来，倾泻在混凝土墙面上，产生了动感的光影效果。

第三节　室内设计与环境生态学

21世纪的今天，社会发生着巨大的变化：一方面似乎变得更加适合人类居住和生活，另一方面又对原有自然环境造成了很大的破坏。生态问题已经成为人类生存与发展的新困境之一。因此，生态环境和可持续发展是人类在21世纪共同面临的最迫切的课题。室内生态观的形成，极大地丰富了生态学的思想内涵，然而影响室内生态环境的因素是多方面的，需要室内设计师对此进行不断探索和研究。

一、室内生态环境设计的含义

所谓室内的生态环境设计，是指运用生态学原理和遵循生态平衡及可持续发展的原则来设计、组织室内空间中的各种物质因素，营造无污染、生态平衡的室内环境。

由这种设计方法实现的绿色室内生态环境是当今室内设计界关注的热点问题，是现代建筑可持续发展的重要内容。

室内生态的设计作为生态建筑的主要内容，已经有一段相当长的发展历史。尽管在我国还没有得到完善，但已引起了高度重视。太阳能、风能以及光能在现代建筑设计上都得到了应用，在实现节能、低耗、低造价的同时，又能保证室内环境的舒适度。比如，德国商业银行是世界上第一座生态办公楼，这个项目设计的关注点在于探索办公室的环境本质，力求以创新的想法改善办公室的生态环境及员工的工作模式，其核心是运用自然通风和采光系统，使每个办公室都可以照射到自然光，并且都设置了窗户，让人们能够自主控制他们需要的环境条件。这样一来，能源消耗相较传统的办公楼减少了一半。

同时，再生材料和自然材料的介入，促成了当代建筑与室内设计的绿色趋势。比如，德国汉诺威世博会日本馆的设计全部用再生纸管和纸板材料建造，其屋顶是由纸质曲面构造，由纤维及纸质结构建成，墙面采用的是透光性能好、防火的 PVC 材料。其室内采光极好，白天无须任何灯光照明。最主要的是，作为临时建筑的日本馆在世博会结束后可以完整拆除，又变为可以重复使用的材料。

二、室内生态环境设计的内容

室内生态环境设计涉及空间舒适与健康等问题，内容包括室内空气质量、室内声环境、室内光环境等。这些内容都有其各自的定义及标准，只有达到标准区间，室内环境才适宜人类生活和工作。

（一）室内空气质量

室内空气质量是指在一定时间和空间里，空气中所含有的各项检测物达到一定的检测值。主要的检测标准有含氧量、甲醛含量、水汽含量、颗粒物等，最终的检测结果是一组综合数据。室内空气质量是空间环境健康和适宜居住的重要指标。

空气中含有多种组成元素，由氮、氧、氢、二氧化碳、氖、氦、氪、氙、等气体按一定容积百分比和重量比组合而成，此外还有水蒸气、可吸入颗粒物等其他物质。我国在借鉴国外空气质量标准的基础上也建立了自己的室内空气质量标准。

（二）室内声环境

声环境作为生态环境的参照之一，也必须在室内设计中得到体现。

室内声环境设计的目的主要是使人们的工作学习、休养睡眠的舒适度得到保证。在我们的生活环境中，声音无处不在，声音的来源广泛，若不加以控制，很容易产生噪声，如生活噪声、交通噪声以及自然噪声等。

在室内生态环境设计中，要考虑材料与空间隔音、吸音的设计。比如用双层或三层玻璃来降低外来噪声，用布艺和软性材料装饰进行隔音；在吊顶、墙体设计中安装吸音海绵；墙壁不要过于光滑，多摆放木质家具，室内空间独立且封闭性要好；使用低噪声家电等。

（三）室内光环境

对于建筑物来说，光环境是由于光照射其内外空间所形成的环境。室内光环境为视觉感官接收信息创造了必要的条件。室内光环境是由多重光照射出来的，有其功能性、美观性、视觉性、装饰性等方面的特征。创造优良的光环境有利于人更好地获得室内信息。

光线一般包含自然光和人工光。室内运用自然光的主要方式取决于窗户在室内的位置。侧窗的位置和形式会对室内自然光的引入产生巨大的影响，光线的分布和阴影会随之改变。

本着低碳环保的原则，室内的人工光在满足夜晚照明的情况下，光源数量需尽量少。但是考虑到室内装饰性和美观性等要求，室内的光源设计往往不止一个主光源。室内生态环境的灯光设计也需紧跟时代潮流，创造出低碳的、舒适的、宜人兼具美感的光环境。

自然光为日光，室内设计时尽量让自然光进入室内，为空间环境提供足够的照明光线。人工光主要为灯光，灯光有很多类型。但是对于室内设计来说，灯光分为主光源和点光源，照明方式分为直接/半直接照明、间接/半间接照明、漫射式照明、局部照明等。灯光的布局方式分为面光、带光、点光等形式。此外，室内灯光设计还必须考虑悬挂方式，投射物体的材质、颜色、光泽度以及透光性等因素。

三、生态观在室内设计中的体现

室内生态环境设计是由很多内容、很多环节构成的。而这些内容和环节都与能源、环境品质、再循环与资源效率等因素有关联。合理地开发、应用绿色能源，使其自然和谐地与室内环境交融，必将创造出更美好的人居环境。

（一）室内设计结合建筑结构

随着人们对结构认识的不断深化，发现结构与形式美并不是矛盾的，科学合理的结构往往是美的形式。将建筑构造技术的外在形式作为"部件""元素"融入室内的装饰设计中，既不消减室内空间的美观，又能节省装修成本，这种"简单化"的室内空间更能透射出空间形态的本体意义。

在建筑设计的初始阶段就将室内设计的生态环保考虑在内，比如通风、采光等的设计，会提高室内生态的舒适度。但是，现在许多建筑只考虑建筑外形和房屋结构，没有更多地从环保角度去考虑，所以目前高效环保的生态建筑及室内空间还不多见。随着生态建筑得到重视，室内设计要结合建筑结构，围绕生态环保、清洁低碳等概念进行综合设计。

（二）生态环保型材料的广泛应用和拓展创新

环保材料的使用能有效地降低装饰材料对自然的破坏和对人体健康的危害。现在，生态环保型材料的运用已经比较广泛，比如再生壁纸、无害油漆等材料，但仍处于起步阶段，要真正广泛全面地使用生态环保型材料，还有很长的路要走。

生态环保型材料产生的装修垃圾容易被快速地分解吸收，从而达到有益生态的目的。但是目前由于制造工艺、材料等限制，要真正实现无毒、无害、零排放的清洁环保设计还有一定距离。因此，在未来生态环保型材料的设计与发展应用上，需要更多的科技创新的介入，也需要设计师、施工者和使用者积极地取材应用。

（三）倡导适度消费

室内生态环境设计把实现"人、建筑、自然和社会协调发展"作为目标，倡导适度消费观和节约型的生活方式，不赞成室内设计的豪华奢侈和铺张浪费，把生产和消费维持在环境的承受能力范围之内。我国作为发展中国家，切不能以牺牲环境、过度开发和使用资源来换取暂时的经济繁荣，而应该从可持续发展的角度合理地使用资源，使有限的资源得到长期持久的合理应用。这在肯定了人的价值和权利的同时，也承认了自然界的价值和权利，体现了一种崭新的生态文化观、价值观和伦理道德观。对装饰材料的使用要注重以下三点：

1. 对天然材料的节制使用

天然材料的资源如石矿、森林等，其形成周期极长，需要的条件也非常特殊，故而此类资源对人类来说是极其有限的，为此应遵循节制使用的原则，有限度地使用。

2. 倡导使用"绿色饰材"

目前"绿色饰材"正在逐步实现清洁生产和产品生态化。该饰材在生产和使用过程中对人体及周围环境几乎不产生危害，具有安全舒适和保健的功能。所谓安全舒适是指"绿色饰材"具有轻质、防火、防水、保温、隔热、隔音、调温、调光、无毒、无害等特性，如草墙纸、麻墙纸、实木地板等；所谓保健功能是指"绿色饰材"具有消毒、防臭、灭菌、防霉、抗静电、防辐射、吸附二氧化碳等特性，如环保地毯、环保型石膏板、水溶性涂料等。"绿色饰材"以其优良的品质和独特的魅力，成为营造室内绿色环境的理想选择。

3.恰当地使用"昂贵"材料

适度消费并非一味地限制甚至拒绝高档材料的使用,对某些重要部位,适当地使用"昂贵"材料也是有必要的。应运用局部搭配的手法,真正做到对材料的合理使用。

(四)对旧家具、旧设备、旧材料、旧配件的重复利用

在我国的旧货市场、古玩市场,存放着大量带有时代印记的旧家具、旧饰品和旧建筑配件等,它们是设计师取之不尽、用之不竭的设计素材资源库。将其作为室内装饰和陈设的"元素"加以运用,既可以节约能源,又可以营造别有情趣的室内环境。比如,王澍的作品就大量使用传统建筑材料,用一些看似破旧的材料来找回消逝的时间和记忆。宁波博物馆的外墙材料原本是一堆废料,都是旧城老房子拆迁留下来的瓦片和青砖。在12万平方米的墙面上,用了上百万块瓦片。王澍把这些回收材料按照同色系排列在一起,让工人把瓦片一片片拼起来,前后历时近10个月。他经常使用不同尺寸和种类的材料"混搭",在混搭的过程中,不同材质的组合使用了传统夯土建筑水平连接与找平的工艺。

(五)注入生态美学要素

室内生态美学是在传统美学的基础上,将生态学理论语言转译为室内设计语言去影响当代室内设计的审美活动,从而建立起新的室内设计识别系统,使人们能够在新的语境中进行审美活动,为当代室内设计提供新的思考维度和语言空间。室内生态美学强调人与审美对象、审美环境的共振与互动,注重人与自然的和谐统一,使之达到自然美与人文美的有机结合。在室内生态环境的创造中,强调自然生态美,强调质朴、简洁而不刻意雕琢;它同时强调人类在遵循生态规律和美的法则前提下,运用艺术手段加工、改造自然,创造人工生态美;它主张人工创造出的室内绿色景观与自然的融合带给人们持久的精神愉悦,追求的是一种更高层次的审美情趣。

(六)使用绿色能源

绿色能源也称清洁能源,可分为狭义和广义两种。狭义的绿色能源是指可再生能源,如水能、生物能、太阳能、风能、地热能和海洋能等。这些能源消耗之后可以恢复补充,产生的污染少。广义的绿色能源则包括在能源的生产、消费过程中,选用对生态环境低污染或无污染的能源,如天然气、清洁煤(将煤通过化学反应转变成煤气或煤油,通过高新技术严密控制转变成电力)和核能等。绿色能源的发展前景广阔,投资潜力巨大。同时,绿色能源能更有效地保护生态环境,利在当代、业在千秋,因此也是可持续发展的必然选择。

1. 太阳能的应用

在室内生态环境设计中，有效地利用太阳能可以为生活提供更多的帮助。例如，将太阳能与室内环境中的温度调节、电力供应等进行结合设计，可以有效降低能耗，为生活提供便利。

2. 生物能的应用

在室内生态环境设计中，生物能的运用，可以将食品废弃物和其他有机物质等平时生活中产生的生物垃圾混合，进行生物厌氧过程降解，产生电和热以实现生物能的释放。产生的能量可以用来提供燃气或转化成电能。此外，生物能也可以与太阳能结合应用。

3. 雨水的应用

对于雨水在室内生态环境设计中的应用，一方面可以将室内植物造景、屋顶花园的设计与水循环系统进行结合设计，将收集到的雨水作为植物生长的水源保障；另一方面也可以将雨水转化为生活用水，主要通过收集、储存、过滤，最后由管道输送来满足日常非饮用用水需求。在雨水收集方面丹麦算是一个典范，通过屋顶收集雨水，每年能从居民屋顶收集约 645 万立方米的雨水，占居民冲洗厕所和洗衣服实际用水量的 68%，相当于居民用水量的 22%。

第三章 室内软装风格和色彩

第一节 室内软装风格

"风格"在《辞海》中的解释是：一个时代、一个民族、一个流派或一个人的文艺作品所表现的主要的思想特点和艺术特点。了解历史、人文对从事软装设计有很大的帮助。熟知设计风格及其演变的历史，掌握风格的运用方法，能很好地提高设计能力，提高艺术审美能力，开阔眼界，为设计拓展灵感来源及设计方法。

一、中式风格

中式风格贯穿了中国几千年来的历史文脉，融汇了中国历朝历代的文化传承，是中国文明的综合体现。随着时代的发展，各项技术的进步，中式风格也有了新的演变。中式风格主要分为中式古典风格和新中式风格。

1. 中式古典风格

中式古典风格是吸收了中国传统文化内涵和传统装饰的"形"与"神"，汲取了我国传统建筑结构、装饰、家具造型及特征，给人以历史延续和地域文脉的感受。它使室内环境突出了民族文化渊源的形象特征。中国的文化博大精深，不同的朝代、不同的民族各具特色。

中式古典风格主要是运用我国传统木构架建筑室内的藻井、天棚、挂落、雀替的构成和装饰，以木材为主，充分发挥木材的物理性能，创造独特的木结构或穿斗式结构。它讲究构架制的原则，建筑构件规格化，重视横向布局，利用庭院组织空间，用装修构件分割空间，注重环境与建筑的协调，善于用环境创造气氛。在空间中，多采用对称的布局方式，追求层次感，并能借鉴中国古典园林的装饰手法，营造移步换景的装饰效果。空间的划分多用隔窗和屏风来进行。在家具中，多以明、清传统家具为主，如床榻、椅凳、几案、橱柜、架几案、套几、多宝格等。在室内陈设中，多用字画、匾幅、挂屏、盆景、瓷器、古玩、博古、屏风、架等。在装饰手段上，多用彩画、雕刻、书法等艺术手段来营造意境。图案多以神兽、植物、动物，如龙、凤、龟、狮、蝙蝠、鹿、鱼、鹊、梅、兰、竹、菊等；吉祥图案，如福禄寿禧、事事如意、多子多福等；几何图案，如正方形、长方形、八角形、圆形等来进行装饰。在色彩上，主要以红、黄、青、白、黑为主要颜色。

2. 新中式风格

新中式风格也被称为现代中式风格，是把中国传统文化与现代元素相结合，用新技术、新材料结合现代人们的生活方式将中国传统的元素、精神内涵、追求的意境融合、提炼、演变，用现代的手法表现出来，令古典元素更具有简练、大气、时尚等现代感，令现代家居装饰更具有中国文化韵味的一种设计方法使中国的传统文化、艺术脉络传承下去。

20世纪末，中国经济不断复苏，国力增强，在建筑设计中出现了各种不同的设计理念，包含了当下的各种欧美设计风潮。在广泛模仿了国外的大量设计风格后，国人开始反思，在外来文化的冲击下，开始以中国传统文化为依托来审视身边的事物，随后便有了国学的兴起，中国的传统元素也渐渐被设计师融入设计中，被大众所熟知并广泛应用。从此中国的建筑及室内装饰开始了中式风格设计的复兴。

新中式风格是中国传统文化意义在当前时代背景下的演绎，是建立在对中国当代文化充分理解基础上的当代设计。新中式风格不是对中国古代建筑、装饰、家具中的传统元素简单的还原与描摹，而是通过对传统文化的认识，将中国传统文化的精神、特征及元素和现代元素结合在一起，以现代人的审美需求来打造富有传统韵味的事物，使其亲切、自然地融入设计中去，让传统艺术在当今社会得到合适的体现。新中式风格是以中式古典风格为依托，将中国的传统文化与当代文化相结合，努力实现传统文化的现代性转化，使"一眼千年"中日日流淌、从未褪色的文化自信得以延续。新中式风格是中国古典风格的延续，是中国文明和中华文化精神内涵的延续。

中式风格的发展历程浸润着皇权贵族和文人雅士对中国儒家观念与禅意的追求。良田美池桑竹、写诗焚香插花、抚琴品茗作画，无不透露出风雅、韵味的生活美学。随着硬木技术的日趋成熟，无论是木作还是藤编，都以展现材料本身的质感和色彩为主要表现手法，返璞归真。中式设计风格对传统元素符号进行艺术的转译；得意而不忘形，充分利用环境，营造出符合当今东方美学主流意识的文雅气氛。

中式古典风格的造型及装饰纹样都具有象征意义或文化寓意，新中式风格在原有的结构及造型基础上，运用现代构成手法，提炼、抽象、去繁化简，保留神韵及基本结构形态，与现代的元素或其他风格元素相融合，以新的面貌呈现出来。亦或是不用其框架，只提取其中的传统元素，通过简化、夸大或抽象化的处理，应用到其他风格的细节中去。

新中式风格在空间方面依然延续传统，讲究空间的层次感。在空间分割时，使用中式的屏风、窗棂、木门工艺隔断以及简约化的中式"博古架"等，使整体空间更加丰富，大而不空、厚而不重，有格调又不显压抑。在元素使用方面，采用传统文化中的象征性元素，如"回"字纹、波浪形、中国结、花卉、如意、瑞兽、山水字画、青花瓷等。在使用功能方面，更注重舒适性，融入人体工程学，满足人们的使用需求，使设计更具有人性化。

二、欧式风格

欧式风格泛指欧洲特有的风格。欧式风格是传统风格之一，是指具有欧洲传统文化艺术特色的风格。

欧式风格最早来源于埃及艺术，埃及的历史起源被定位于公元前 2850 年左右。埃及的末代王朝君主克雷澳帕特拉(著名的埃及艳后)于公元前 30 年抵御罗马的入侵。之后，埃及文明和欧洲文明开始合源。其后，希腊艺术、罗马艺术、拜占庭艺术、罗曼艺术和哥特艺术，构成了欧洲早期艺术风格，也就是中世纪艺术风格。从文艺复兴时期开始巴洛克风格、洛可可风格、路易十六风格、亚当风格、督政府风格、帝国风格、王朝复辟时期风格、路易·菲利普风格、第二帝国风格构成了欧洲主要艺术风格。这个时期是欧式风格形成的主要时期。其中最为著名的莫过于巴洛克和洛可可风格了。欧式风格追求华丽、高雅，设计风格直接对欧洲建筑、家具、绘画、文学甚至音乐艺术产生了极其重大的影响。具体可以分为六种风格：罗马风格、哥特式风格、文艺复兴风格、巴洛克风格、洛可可风格、新古典主义风格。

1. 罗马风格

罗马原本是在公元前 8 世纪，由拉丁人在意大利半岛西部，泰伯河下游建立的一个小城邦国家，并在地中海沿岸逐步发展。从公元前 8 世纪到公元 476 年，书写了长达近 13 个世纪的历史。古代罗马建筑是建筑艺术宝库中的一颗明珠，它承载了古希腊文明中的建筑风格，凸显地中海地区特色，同时又是对古希腊建筑的一种发展。古罗马在公元前 2 世纪成为地中海地区强国，与此同时罗马人也开始了罗马的建设工程。到公元 1 世纪罗马帝国建立时，罗马城已成为与东方长安城齐名的世界性城市。其城市基础设施建设已经相对完善，并逐步向艺术化方向发展。罗马建筑与其雕塑艺术大相径庭，以建筑的对称、宏伟而闻名世界。

罗马风格以豪华、壮丽为特色，券柱式造型是古罗马人的创造，两柱之间是一个券洞，形成一种券与柱大胆结合的装饰性柱式，成为西方室内装饰最鲜明的特征。广为流行和实用的有罗马多拉克式、罗马塔斯干式、罗马爱奥尼克式、罗马科林斯式及其发展创造的罗马混合柱式。古罗马风格柱式曾经风靡一时，现在在室内装饰中还经常应用。

2. 哥特式风格

哥特，又译为"歌德"，原指代哥特人，属西欧日耳曼部族。最早是文艺复兴时期被用来区分中世纪时期（5—15世纪）的艺术风格，它源自曾于公元3—5世纪侵略意大利并瓦解罗马帝国的德国哥特族人。在15世纪时，意大利人有了振兴古罗马文化的念头，因而掀起了灿烂的文艺复兴运动。由于意大利人对于哥特族摧毁罗马帝国的这段历史情仇始终难以释怀，因此为了与这段时期有所区分，他们便将中世纪时期的艺术风格称为"哥特"，意为"野蛮"。尽管"哥特"这个词多少有些负面的意味，但事实上，中世纪后期哥特形式的寓意并非是消极的，反而具有流动状态的特点，即哥特式并非一种固定的形态，而是表现出一种状态，一种过程，是历经中世纪漫长思想禁锢过程后人们开始对世界重新思考的迹象。它体现了一种"虽然真理永不可得，但仍旧要追求不懈"的精神。

哥特式建筑又译作歌德式建筑，是位于罗马式建筑和文艺复兴建筑之间的，是在1140年左右以法国为中心发展起来的，它由罗马式建筑发展而来，为文艺复兴建筑所继承。常被使用在欧洲主教座堂、修道院、教堂、城堡、宫殿、会堂以及部分私人住宅中，其基本构件是尖拱和肋架拱顶，整体风格为高耸瘦削，其基本单元是在一个正方形或矩形平面四角的柱子上做双圆心骨架尖券，四边和对角线上各一道，屋面石板架在券上，形成拱顶。在设计中利用尖肋拱顶、飞扶壁、修长的束柱，营造出轻盈修长的飞天感。新的框架结构以增加支撑顶部的力量，予以整个建筑笔直的线条、雄伟的外观和内部广阔的空间，并应用从阿拉伯国家学得的彩色玻璃工艺，用彩色玻璃镶嵌窗户，来凸显浓厚的宗教气氛。花窗玻璃以红、蓝二色为主，蓝色象征天国，红色象征基督的鲜血。

3. 文艺复兴风格

文艺复兴运动最早发生在14世纪的意大利。所谓文艺复兴其实就是古代学术的复兴，而这个运动的思想性实质则是人文主义。他们反对禁欲主义，提倡以现实的"人"为中心，肯定"人"是现世生活的创造者和享受者。提倡"人性"，反对教会的"神性"；提倡"人权"，反对"神权"；提倡"人道"，反对"神道"。

文艺复兴建筑是15~19世纪流行于欧洲的建筑风格，有时也包括巴洛克建筑和古典主义建筑，起源于意大利佛罗伦萨。在理论上以文艺复兴思潮为基础；在造型上排斥象征神权至上的哥特建筑风格，提倡复兴古罗马时期的建筑形式，特别是古典柱式比例、半圆形拱券、以穹隆为中心的建筑形体等，如意大利佛罗伦萨美第奇府邸、维琴察圆厅别墅等。文艺复兴建筑最明显的特征是扬弃了中世纪时期的哥特式建筑风格，而在宗教和世俗建筑上重新采用古希腊罗马时期的柱式构图要素。一方面采用古典柱式，另一方面又灵活变通，大胆创新，甚至将各个地区的建筑风格同古典柱式融合在一起。文艺复兴建筑是讲究秩序和比例的，拥有严谨的立面和平面构图以及从古典建筑中继承下来的柱式系统。文艺复兴时期的许多科学技术成果，如力学上的成就、绘画中的透视规律、新的施工机具等，都被运用到建筑创作实践中。

4. 巴洛克风格

巴洛克是 1600~1750 年间在欧洲盛行的一种艺术风格。"巴洛克"这个词最早来源于葡萄牙语，意为"不圆的珍珠"，最初特指形状怪异的珍珠。而在意大利语中有"奇特、古怪、变形"等解释。在法语中，是形容词，有"俗丽凌乱"之意。欧洲人最初用这个词指"缺乏古典主义均衡特性的作品"，它原是 18 世纪崇尚古典艺术的人们对 17 世纪不同于文艺复兴风格的一个带贬义的称呼，现今这个词已失去了原有的贬义，仅指 17 世纪风行于欧洲的一种艺术风格。它产生在反宗教改革时期的意大利，发展于欧洲信奉天主教的大部分地区，之后随着天主教的传播，其影响远及拉美和亚洲国家。巴洛克作为一种在时间、空间上影响都颇为深远的艺术风格，其兴起与当时的宗教有着紧密的联系。

巴洛克风格的特点是打破文艺复兴时期的严肃、含蓄和均衡，崇尚豪华和气派，注重强烈情感的表现，气氛热烈紧张，具有刺人耳目、动人心魄的艺术效果。巴洛克风格建筑具有阳刚之美，富丽堂皇，规模宏大，既有宗教的特色又有享乐主义的色彩。运动与变化可以说是巴洛克艺术的灵魂。在造型上繁琐堆砌，崇尚圆形、椭圆形、梅花形、圆瓣、十字形等单一空间的殿堂，雕刻风气盛行，并且大量使用曲面，强调空间感和立体感。室内则使用各色大理石、宝石、青铜、金等装饰，华丽、壮观，突破了文艺复兴古典主义的一些程式。巴洛克艺术强调艺术形式的综合手段，如在建筑上重视建筑与雕刻、绘画的结合。此外，巴洛克艺术也吸收了文学、戏剧、音乐等领域里的一些因素和想象。

5. 洛可可风格

"洛可可"（Rococo）一词由法语 Rocaille（贝壳工艺）和意大利语 Barocco（巴洛克）合并而来，Rocaille 是一种混合贝壳与石块的室内装饰物，而 Barocco（巴洛克）则是一种更早期的宏大而华丽的艺术风格。有人将洛可可风格看作是巴洛克风格的晚期，即巴洛克的瓦解和颓废阶段。洛可可艺术是 18 世纪产生于法国、遍及欧洲的一种艺术形式或艺术风格，盛行于路易十五统治时期，因而又称作"路易十五式"。洛可可风格最早出现在装饰艺术和室内设计中，路易十五登基后给宫廷艺术带来了一些变化。前任国王路易十四在位的后期，巴洛克设计风格逐渐被有着更多曲线和自然形象的较轻的元素取代，而洛可可艺术是大约自 1715 年路易十四去世时开始的。洛可可艺术在形成过程中受东亚艺术的影响，被广泛应用于建筑、装潢、绘画、文学、雕塑、音乐等艺术领域。

洛可可建筑艺术的特征是轻结构的花园式府邸,逐渐摒弃了巴洛克那种雄伟的宫殿气质,在这里个人可以不受自吹自擂的宫廷社会打扰,自由发展。例如,逍遥宫或观景楼这样的名称都表明了这些府邸的私人特点。府邸整体亲切而舒适,平面功能分区明确,建筑物外表着重条理整饬,而内部着重功能,房间、院落均为方形抹圆角或圆形、椭圆形、多边形空间。

洛可可装饰的特点是细腻柔媚,常常采用不对称手法,喜欢用弧线和S形线,尤其爱用贝壳、旋涡、山石作为装饰题材,卷草舒花,缠绵盘曲,连成一体。天花板和墙面有时以弧面相连,转角处布置壁画。为了模仿自然形态,室内建筑部件也往往做成不对称形状,变化万千,但有时流于矫揉造作。室内墙面粉刷爱用嫩绿、粉红、玫瑰红等鲜艳的色调,线脚大多用金色。室内护壁板有时用木板,有时做成精致的框格,框内四周有一圈花边,中间常衬以浅色东方织锦。追求细节的铺天盖地的堆砌,追求华丽纤巧的装饰,更追求奢华漂亮的环境。从中国风格中寻找灵感,从中国极柔软的曲线、中国瓷器以及桌椅橱柜等造型中汲取灵感,在陶瓷、花鸟纹样、扇面、流水线条等经典洛可可元素中都能捕捉到隐隐约约的东方式优雅元素。

洛可可家具从其装饰形式的新思想出发,把弧形发展为平面的拱形。圆角、斜棱和富于想象力的细线纹饰使得家具显得不笨重。各个部分摆脱了历来遵循的结构划分,而结合成装饰生动的整体。呆板的栏杆柱式桌腿演变成了"牝鹿腿"。面板上镶嵌了镀金的铜件以及用不同颜色的上等木料加工而成的雕饰,如槭木、桃花心木、乌檀木和花梨木等。洛可可家具以其不对称的轻快纤细曲线著称,以其回旋曲折的贝壳形曲线和精细纤巧的雕饰为主要特征,以其凸曲线和弯脚作为主要造型基调,以研究中国漆为基础,发展出一种既有中国风又有欧洲特点的涂饰技法。

相对于路易十四时代庄严、豪华、宏伟的巴洛克艺术,洛可可艺术则打破了艺术上的对称、均衡、朴实的规律。在家具、建筑、室内等装饰设计上,以复杂自由的波浪线条为主势。室内装饰镶嵌画及许多镜子,形成了一种轻快精巧、优美华丽、神奇虚幻的效果。

6. 新古典主义风格

新古典主义的设计风格其实就是经过改良的古典主义风格。新古典风格从简单到繁杂、从整体到局部,精雕细琢、镶花刻金,给人一丝不苟的印象。一方面保留了材质、色彩的大致风格,仍然可以很强烈地感受传统的历史痕迹与浑厚的文化底蕴,同时摒弃了过于复杂的肌理和装饰,简化了线条。

新古典主义,是兴起于18世纪的罗马,并迅速在欧美地区扩展的艺术运动。新古典主义一方面起于对巴洛克和洛可可艺术的反动,另一方面则是希望重振古希腊、古罗马的艺术。新古典主义的艺术家刻意从风格与题材上模仿古代艺术,并且知晓所模仿的内容为何。

新古典主义风格更像是一种多元化的思考方式，将怀古的浪漫情怀与现代人对生活的需求相结合，兼容华贵典雅与时尚现代，反映出后工业时代个性化的美学观点和文化品位。其特点是高雅而和谐、形散而神聚。在注重装饰效果的同时，用现代的手法和材质还原古典气质，具备了古典与现代的双重审美效果，完美的结合也让人们在享受物质文明的同时得到了精神上的慰藉。在造型设计时不是仿古，也不是复古，而是追求神似，用简化的手法、现代的材料和加工技术去追求传统样式的大致轮廓特点。注重装饰效果，用室内陈设品来增强历史文脉特色，往往会照搬古代设施、家具及陈设品来烘托室内环境氛围。白色、金色、黄色、暗红色是欧式风格中常见的主色调，少量白色糅合，使色彩看起来明亮、大方，使整个空间给人以开放、宽容的非凡气度，使空间丝毫不显局促。

三、北欧风格

北欧风格是指欧洲北部国家挪威、丹麦、瑞典、芬兰及冰岛等国的艺术设计风格（主要指室内设计以及工业产品设计）。在 20 世纪 20 年代，大众服务的设计主旨决定了北欧风格设计风靡世界。功能主义在 1930 年的斯德哥尔摩博览会上大放异彩，标志着其突破了斯堪的纳维亚地区，与世界接轨。北欧风格将德国的崇尚实用功能理念和其本土的传统工艺相结合，富有人情味的设计使得它享誉国际，于 40 年代逐步形成系统独特的风格。北欧设计的典型特征是崇尚自然、尊重传统工艺技术。20 世纪中期北欧经济的迅速发展使得北欧人拥有高福利的制度，但北欧人依然重视产品的实用性，依旧传承简单自然的审美观，北欧的住宅文化和设计理念深受影响。因此即使是在工业时代，北欧产品设计依然保留着关注用户身心健康的人文要素。传统和时尚创新被北欧设计师运用得淋漓尽致。

北欧风格的特点是注重人与自然、社会与环境的有机的科学的结合，体现了绿色设计、环保设计、可持续发展设计的理念，显示了对手工艺传统和天然材料的尊重与偏爱，在形式上更为柔和与有机，因而富有浓厚的人情味。北欧风格以简洁著称于世，并影响到后来的极简主义、后现代主义等风格。在 20 世纪风起云涌的"工业设计"浪潮中，北欧风格的简洁被推到极致。

在室内设计方面，室内的顶、墙、地六个面，不用纹样和图案装饰，只用线条、色块来区分点缀。在家具上，注重功能，简化设计，线条简练，不使用雕花、纹饰，具有简洁、自然、人性化的特点。材料主要有木材、石材、玻璃和铁艺等，都保留了这些材质的原始质感和韵味。色彩的选择上，多用明快的中性色，偏向浅色如白色、米色、浅木色，常以白色为主调，使用鲜艳的纯色为点缀，或者以黑白两色为主调，不加入其他任何颜色。给人的感觉干净明朗，绝无杂乱之感。此外，白、黑、棕、灰和淡蓝等颜色都是北欧风格装饰中常使用到的色彩。

四、地中海风格

自古以来，地中海不仅是重要的贸易中心，更是西方希腊、罗马、波斯古文明、基督教文明的摇篮。地中海绵延 2000 英里（约 3219 千米），拥有 19 个沿岸国家。由于地中海物产丰饶，且现有的居民大都世居当地，因此，孕育出丰富多样的风貌。

文艺复兴前的西欧，家具艺术经过浩劫与长时期的萧条后，在 9~11 世纪又重新兴起，并形成独特的地中海式风格。地中海风格家具以其极具亲和力的田园风情及柔和色调和大气的组合搭配，很快被地中海以外的广大区域人群所接受。物产丰饶、长海岸线、建筑风格多样化、日照强烈等风土人文，使得地中海风格具有自由奔放、色彩明亮的特点。

地中海拥有众多的国家，除了大家最为熟悉的希腊，还有西班牙、法国、摩纳哥、意大利、克罗地亚、波斯尼亚、土耳其、塞浦路斯、叙利亚、黎巴嫩、埃及、突尼斯、阿尔及利亚、摩洛哥等。因此地中海风格并不是只有蓝色、白色，这只是希腊圣托里尼地区的建筑装饰风格。广义上的地中海风格融合了拜占庭、罗马、希腊、非洲等多种艺术形式。

拱形是地中海，更确切地说是地中海沿岸阿拉伯文化圈里的典型建筑样式。最早是伊斯兰教建筑从波斯建筑中汲取而来的技法，波斯风格清真寺的主要风格就是拱廊和砖砌拱门。后来摩尔人一度逆袭欧洲，这种建筑样式随着宗教传到了南欧，比如西班牙南部的科尔多瓦大清真寺里，一走进去就是延绵的拱形，非常美，完全就是伊斯兰建筑追寻的重复、辐射和节律感。早期希腊人用黑色和白色马赛克搭配，就已经算是极度奢侈的工艺，过了很长时间才发展到用更小的碎石切割，拼出新的马赛克图案。在地中海风格里，如果出现图案，最常见的就是用马赛克装饰向希腊文明致敬。相比其他风格，地中海风格是最能用自然材质激发人们对环境"触觉感"的一种风格。地中海风格大量运用石头、木材以及充满肌理感的墙壁，最后形成色彩感和形状感都不突出，却充满强烈的材质感也就是平时我们说的肌理感的一种艺术风格。地中海风格主要运用的色彩是大地色系，这和古希腊的住宅传统有关。沿海地区的希腊民居最早就喜欢用灰泥涂抹墙面，然后开大窗，让地中海海风在室内流动，灰泥涂抹墙面带来肌理感和自然风格。除此之外，地中海沿岸居民还比较喜欢大地海洋色调和调料色，比如红椒色、姜根色、橘黄、小茴香色、沙黄、褐红、湛蓝、普鲁士蓝、鸭蛋青、黄铜色等。摩洛哥花纹及元素已经成为地中海地区北非文化圈里，革新、现代、全球化的一种文化元素。花纹、坐垫、灯具都是摩洛哥元素的代表。

地中海风格的装饰元素包括金属制品，如黄铜或银质的托盘、茶具、水壶、灯具、黑色或古铜色的铁艺床架和装饰、雕花门锁等；木制品，如大部分的家具、厨具、木柄银质的糖锤、小物件、装饰木雕等；纺织品，如纯棉、亚麻、羊毛、少量的丝绸等纯天然织物、色调丰富的靠垫、色泽淡雅的床品和窗帘等。陶艺、马赛克、摩洛哥风格浓郁的装饰品、帝凡尼灯也是地中海风格常用的元素。

五、东南亚风格

东南亚地区最早是受源于古印度的佛教文化影响，后来在郑和下西洋之后，随着居民迁徙，中国文化也影响了当地文化和生活。因此，在今天的东南亚风格中也保留有中国文化的元素。例如，实木的家具、雕花的木格等。除此之外，西方殖民者的入侵，也为东南亚当地带来了西方的文化和生活方式，使得东南亚地区的文化变得丰富多彩，而在设计风格方面也呈现出一种文化兼容并蓄后的独特魅力。可以说，东南亚风格是历史文化与殖民地文化的结晶，也是中西文化融合的结晶。

东南亚风格在设计上逐渐融合西方现代概念和亚洲传统文化，通过不同的材料和色调搭配，在保留了自身的特色的同时，产生更加丰富的变化。东南亚风格主要表现为两种取向：一种为深色系带有中式风格，另一种为浅色系受西方风格影响。它表达着热烈中微带含蓄，妩媚中蕴藏神秘，温柔与激情兼备的和谐最高境界。东南亚风格是一种混搭的风格，这种风格不仅和印度、泰国、印尼等国家相联结，还将东西方文化里的元素融在一起，就像是一个调色盘，把柔媚和雅致、精致和闲散、华丽和缥缈、绚烂和低调等色调调成了一种沉醉色。

东南亚风格的特征：崇尚自然、原汁、原味。色彩常用棕色、咖啡色与实木、藤条等材质的自然色，搭配青翠的绿色、鲜艳的橘色、明亮的黄色、低调的紫色，形成具有厚重与清新质朴相结合的感觉。

六、田园风格

田园风格是以田园和田圃特有的自然特征为形式手段，表现出一定程度农村生活或乡间艺术的特色，也就是以回归自然为核心，运用乡村艺术和生活气息的形式元素为表现手段，体现出人与自然环境和谐联系的一种装饰风格。

田园风格这个名称最初出现于 20 世纪中期，泛指在欧洲农业社会时期已经存在数百年历史的乡村家居风格，以及美洲殖民时期各种乡村农舍风格。田园风格是早期开拓者、农夫、庄园主和商人们简单而朴实生活的真实写照，也是人类社会最基本的生活状态。由此可以看出，田园风格并不专指某一特定时期或区域。它可以模仿乡村生活的朴实和真诚，也可以是贵族在乡间别墅里的世外桃源，或是对"开轩面场圃，把酒话桑麻""采菊东篱下，悠然见南山"生活方式的重新诠释。田园风格与其他风格的融合与演绎，形成了英式田园、美式乡村、法式田园、中式田园等。

与其他种类的装饰风格不同，田园风格不是简单地依靠家具和饰品的摆放就可以轻松做到的，它需要的是一种平和的心境和淡泊的情怀。家居用品不要求完美无瑕、精雕细琢，多用旧物品、旧家具、木器上的刮刻擦的磨损痕迹诠释田园风格。如，一把生锈的铁铲、一个破旧的皮箱、一只废弃的铁皮桶、一块手工拼缝的被子，甚至是一束从郊外路边采摘的野花，都可以成为田园风格的最好装饰品。田园风格崇尚自然，材料多用砖、陶、木、石、藤、竹等自然材料。在织物质地的选择上多采用棉、麻等天然制品，其质感朴素，不事雕琢。装饰元素包括砖纹、碎花、藤草织物、铁艺、彩绘、壁挂、绿植等，在空间中营造出自然、简朴、高雅的氛围和轻松、活泼、愉悦的氛围。

七、现代风格

现代风格即现代主义风格，起源于 1919 年包豪斯学派。建筑新创造、实用主义、空间组织、强调传统的突破都是该学派的理念，都对现代风格有着深刻的影响。所以，现代风格具有简洁造型、无过多装饰、推崇科学合理构造工艺、重视发挥材料的性能等特点。包豪斯学派注重展现建筑结构的形式美，探究材料自身的质地和色彩搭配的效果，注重以功能布局为核心的不对称非传统的构图方法。

现代风格抛弃了许多不必要的附加装饰，以平面、色彩、立体构成为基础进行设计，特别注重空间色彩以及形体变化的挖掘。外形简洁，极力主张从功能出发，着重发挥形式美，强调室内空间形态和物品的单一性、抽象性，多采用最新工艺与科技生产的材料与家具。其突出的特点是简洁、实用、美观，兼具个性化的展现。不仅注重居室的实用性，还体现出工业化社会生活的精致与个性，符合现代人的生活品位。在选材上不再局限于石材、木材、面砖等天然材料，而是将选择范围扩大到金属、涂料、玻璃、塑料以及合成材料，并且夸张材料之间的结构关系，甚至将空调管道、结构构件都暴露出来，力求表现出一种完全区别于传统风格的高度技术的室内空间气氛。现代风格的色彩设计受现代绘画流派思潮影响很大，通过强调原色之间的对比协调来追求一种具有普遍意义的永恒的艺术主题。装饰画、织物的选择对于整个色彩效果起到点明主题的作用。

八、其他风格

风格流派是在艺术发展的一定历史时期内出现的由若干思想倾向、艺术见解、创作风格、审美趣味基本相同或近似的艺术家自觉或不自觉形成的艺术集团或派别，以不同的美学主张与艺术实践方式为核心。因此设计的风格种类繁多，除了主流的设计风格外，还有一些风格在设计中也经常用到。

（一）极简风格

极简风格也称极简主义风格，并不是现今所称的简约主义，而是 20 世纪 60 年代所兴起的一个艺术派系。极简风格的初意是为了对抗抽象表现主义，后来逐渐发展为以简单到极致为追求的一种家装设计风格，再后来成为一种代表品位与思想的生活方式。

极简风格在设计上摒弃任何多余的事物，将可能精简的细节进行考究，把简约进行到底，同时，还能达成"少即多"的高效率和丰富性，创造出一种精简之美，给人以美的享受。在极简主义设计中，每一个元素都是有目的、有针对性的存在，没有多余的、无用的元素。所以，极简主义的设计只保留绝对必要的那些组件。在感官上简约整洁，在品位和思想上更为优雅。极简主义设计已经被描述为最基本的设计，去除了多余的元素、色彩、形状和纹理。它的目的是使内容被突出出来并成为焦点。从一个视觉的角度来说，极简主义设计意味着平静和回归本真。

（二）Loft 风格

Loft 在牛津词典上的解释是"在屋顶之下、存放东西的阁楼"，但现在所谓的 Loft 指"由旧工厂或旧仓库改造而成的、少有内墙隔断的高挑开敞空间"。

20 世纪 40 年代的时候，Loft 这种居住生活方式首次在美国纽约出现。当时，艺术家与设计师们利用废弃的工业厂房，从中分隔出居住、工作、社交、娱乐、收藏等各种空间。在浩大的厂房里，他们构造各种生活方式，创作行为艺术，或者办作品展，淋漓酣畅，快意人生。而这些厂房后来也变成了最具个性、最前卫、最受年轻人青睐的地方。在 20 世纪后期，Loft 这种工业化和后现代主义完美碰撞的艺术，逐渐演变成了一种时尚的居住与工作方式，并且在全球广为流传。

自由、开放、贯通是 loft 风格的空间设计原则，在尽可能的空间中减少隔断、隔墙等的使用，主要通过一些软装饰起到空间分割作用，使空间的流动性大大增强。材料使用工业元素，采用裸露原则，保留材料真实的质感肌理，如钢筋混凝土的裸露使用、木质肌理的再现等。运用原材料的朴实、灰色调，或使用视觉冲击力较强的红、黄、蓝等色彩饱和度高的颜色，增加视觉冲击力。由于 Loft 的空间一般较大，因此照明方式一般采用分区照明和局部照明，为不同区域分别进行照明，或是对物体进行局部的照明，使所照物体具有聚光灯投射效果，视觉效果更强，层次感更丰富。

（三）工业风格

工业风格是从美国演变而来的。包含有两层意义：首先，它具有非常强烈的时代感，室内外环境具有明显特定时代的工业风格特征，包括各个时代遗留下来的各种工业遗产。其次，它具有鲜明的装饰性。室内空间装饰元素具有个性标识明显的工业感，体现工业特有的形式与工业生产相关的元素。包括物质元素与非物质元素：物质元素一般指工业结构框架、生产设备、运输工具，甚至工业半成品；非物质元素主要包括在工业活动中的标语口号等。

很多时候，工业风格的空间划分都是相连的，并且每个房间的面积非常大。墙面多保留原有建筑的部分容貌，比如墙面不加任何装饰，墙砖完全裸露，或者采用砖块设计以及油漆装饰，抑或用水泥墙来代替。室内窗户或者横梁做成铁锈斑驳，显得非常破旧；在天花板上基本不会有吊顶材料的设计，通常会看到裸露的金属管道或者下水道等，把裸露在外的水电线和管道线通过在颜色和位置上合理的安排，组成工业风格的视觉元素之一。主要装饰元素有金属家具及装饰品、原木制品、带有磨旧感与经典色的皮革制品、灯具与裸露的灯泡、具有斑驳感的旧物等。在色彩方面，工业风格设计本身体现着颓废、硬朗、个性的感觉，多会采用黑色、灰色、白色、棕色、原木色等自然色作为整体装饰的主要颜色。

（四）波普风格

波普风格是一种流行风格，它是一种艺术表现形式，20世纪50年代中期诞生于英国，又称"新写实主义"和"新达达主义"。它反对一切虚无主义思想，通过塑造夸张的、视觉感强的、比现实生活更典型的形象来表达一种实实在在的写实主义。波普艺术最主要的表现形式是图形。二战以后出生的新生一代对于风格单调、冷漠缺乏人情味的现代主义、国际主义设计十分反感，认为它们是陈旧的、过时的观念，他们希望有新的设计风格来体现新的消费观念、新的文化认同立场、新的自我表现中心，于是在英国青年设计家中出现了波普设计运动。

波普风格追求大众化、通俗化的趣味，设计中强调新奇与独特，采用简洁的线条、大胆的轮廓和清晰强烈的色彩等方法进行处理。这些设计都具有游戏色彩，有一种玩世不恭的青少年心理特点，好似流行歌曲一样，以其灵活性与可消费性走出英国国门，进而成为一场世界性的设计运动。从设计上说，波普风格并不是一种单纯的、一致性的风格，而是各种风格的混合。它反对现代主义自命不凡的清高，在设计中大胆采用艳俗的色彩，追求新颖、古怪、稀奇。波普设计风格变化无常，没有统一的风格，可以说形形色色、各种各样。它被认为是一种形式主义的设计风格。

波普风格的表达方式有：以消费和物质主义、名气和名人文化为艺术表达的中心主题；从电视、杂志和漫画中寻找实质和美学上的视觉元素，呈现像连环画的具有特色的设计和公众形象；将日常物品提高到很高的艺术地位；将日常物品放大且重复来获取独特的视觉效果；将一个物体从其环境中独立出来，或是将对象从他们的环境中删除，还可以将对象与其他物体或图像相结合；通过结合相似或不同的影像，来塑造大量信息融合的作品；运用拼贴或重复的手法，通过再现、覆盖和不同的图像的重复来重新进行组合；使用原色和饱和霓虹色等鲜艳的色彩传达战后生活的乐观和富裕。

第二节　室内软装色彩

花落水流红的沁芳溪，绛芸轩里流光浸茜纱，紫茉莉花汁蒸成的胭脂红，还有那桃红撒花袄、不经染的石榴红绫……就像姹紫嫣红的大观园一样，色彩无处不在，不论时间、地域、国家、民族，色彩总是在我们身边。在软装设计中，色彩具有重要的作用。要想驾驭色彩、运用色彩，必须先了解它。

一、色彩的产生

著名的色彩学家约翰内斯·伊顿，曾经说过："色彩就是生命，因为一个没有色彩的世界在我们看来就像死的一般。"色彩是从原始时代就存在的概念，是原始的无色彩光线及其相对物无色彩黑暗的产物。正如火焰产生光一样，光又产生了色彩。色是光之子，光是色之母。光——这个世界的第一个现象，通过色彩向我们展示世界的精神和活生生的灵魂。

1676 年，英国数学家、物理学家艾萨克·牛顿，进行了"光的色散实验"。他用支架把三棱镜安放好，接着拿出两张硬纸板。在一张纸板上刻出一条缝放在棱镜前面，将另一张放在棱镜后面做光屏。当一束阳光穿过窄缝射到棱镜上时，在进入棱镜的一面发生一次折射，从棱镜的另一面射出时又发生一次折射。经过两次折射后，光线的方向变了，在后面的屏上形成一条由红、橙、黄、绿、蓝、青、紫七种颜色排开的彩色光带。他用三棱镜将白色太阳光分离成了色彩光谱。如果将这个图像用聚光透镜加以聚合，这些色彩的汇集就会重新变成白色。

那我们是如何看到色彩的呢？首先要具备三个要素：光、眼睛和色彩。因为有了光才产生了色彩。光照在物体上，反射到人的眼睛中，于是人们看到了色彩。物体可以吸收光线和反射光线。我们眼睛看见物体的颜色是物体反射回来的光线，照射入眼睛中。例如：红色的物体是光线照射在物体上，其他的光线都被吸收，只反射回红色的光线，因此我们看见的物体是红色的。橙色的物体，是只反射了红色和黄色的光线，其余光线被吸收。白色的物体，是将所有的光线都反射回来。黑色的物体，是将所有的光线都吸收，没有反射回来任何的光线。

二、色彩的基本属性

了解了物体色彩与光的关系，要想运用好色彩，必须要了解色彩的基本要素。在色彩的具体应用和搭配中，都离不开色彩的基本要素。

色彩分为有彩色和无彩色。有彩色是指带有某一种标准色倾向的色，光谱中的全部色都属于有彩色。无彩色指除了彩色以外的其他颜色，常见的有黑、白、灰。无彩色是没有任何色相感觉的。一个略带红色的灰色属于有彩色。

色彩具有三个基本要素，分别是色相、明度、纯度。

色相，即各类色彩的相貌称谓，如大红、紫罗兰、赭石等。色相是色彩的首要特征。黑、白、灰以外的颜色都有色相的属性，而色相是由原色、间色和复色来构成的。色料的三原色是红、黄、蓝。三原色不能由其他颜色混合得来。间色是由三原色两两混合得来，包括橙、绿、紫，即红色＋黄色＝橙色，黄色＋蓝色＝绿色，红色＋蓝色＝紫色。复色是指由三种以上颜色相加得来的颜色。

明度指色彩的明暗程度。各种有色物体由于它们的反射光量的区别而产生颜色的明暗强弱。明度分为两种情况：一种是同一色相的明度变化。可以加入黑或者白形成明度变化，如在红色中加入白色，明度提高；在红色中加入黑色，明度降低。另一种是不同色相的明度变化。在色谱中黄色的明度最高，蓝紫色的明度最低。改变颜色的明度，除了加入黑、白以外，还可以加入高明度的颜色或者低明度的颜色。如在大红色里加入黄色，明度则会提高；若在大红色里加入蓝色，明度则会降低。

纯度是色彩的鲜艳程度和饱和程度，也称之为彩度。在色谱中，红色的纯度最高，蓝绿色的纯度最低。在色彩中加入其他任何颜色，都会改变色彩的纯度，纯度会降低。加入其他颜色的种类越多，纯度越低。有色物体色彩的纯度与物体的表面结构有关。如果物体表面粗糙，其漫反射作用将使色彩的纯度降低；如果物体表面光滑，那么，全反射作用将使色彩比较鲜艳。

三、色彩的对比

我们在看物体颜色的时候，往往不是只看到一种颜色，而是同时看到周围其他的颜色。这时就会产生色彩的对比。

（一）色彩对比的分类

色彩的对比分为同时对比和连续对比。

同时对比指同时看两种或两种以上的颜色。当两种颜色放在一起同时对比时，都会偏向对方相反的颜色。如黑色和白色放在一起时，黑色会显得更黑，白色会显得更白。黑色偏向了白色的相反色显得更黑，白色偏向了黑色的相反色显得更白。红色和绿色放在一起时，红色会显得更红，绿色会显得更绿。这是因为红色偏向了绿色的补色显得更红，绿色偏向了红色的补色显得更绿。

连续对比指看完一种颜色之后再去看另一种颜色，第二种颜色会偏向第一种颜色的相反色，这种现象叫作色彩的残像。如先看黑色再去看白色，白色会显得更白，叫作色彩的明暗残像。先看红色，再看绿色，绿色就会显得更绿，叫作色彩的补色残像。当我们的眼睛长时间盯着一个白色的正方形看时，然后迅速离开，看向白色的墙面，会在白色的墙面上看见灰色的正方形。当我们的眼睛长时间盯着一个红色的心形看，然后迅速离开看向白色的墙面，会在白色的墙面上看见灰绿色的心形。这种视觉残像的原理表明，人的眼睛为了获得自身的平衡，总要产生出一种补色作为调剂。正如外科医生穿的手术服，手术用的用品，及医院室内的装饰颜色都是浅绿色，那是因为在手术中，一直看着鲜红的血，就会被残像所产生的绿色导致精神无法集中、视觉疲劳，因此要用绿色来缓和。

（二）室内软装设计的配色

在室内软装设计的配色中，颜色同时出现或连续出现在视线中，不管运用哪种对比方法，都要考虑对比形式。比如从玄关进入客厅，两个空间的色彩就属于连续对比的形式，玄关本属于进入客厅的过渡空间，因此一般在玄关主体颜色的选择上会选用与客厅相同或邻近的颜色，给人们在视觉和心理上形成引导，从玄关自然进入到客厅里去。再者客厅与餐厅之间的色彩关系可以是同时对比也可以是连续对比。一般客厅与餐厅是相通的，没有任何隔挡，因此很容易形成同时对比，若是为了扩大空间，则可以选用相同的颜色进行配色，使空间整体色彩搭配统一，进而使其连在一起，使空间扩大，如白色或淡黄色。想要区分出客厅与餐厅的不同功能空间，可以运用连续对比的形式，选用对比色进行配色，如云灰色与蝶粉色，云灰色带有蓝色意味，蝶粉色带有橙色意味，从客厅进入餐厅，会使餐厅的蝶粉色增加橙色意味，从而增强就餐氛围，促进食欲。从餐厅进入客厅，会使客厅的云灰色增加蓝色意味，蓝色为冷色，为后退色，会有扩大空间的效果，从而使客厅显得宽阔。软装设计色彩的搭配方法如下。

1.色相对比

色相对比是因色相之间的差别而形成的对比。各色相由于在色相环上的距离远近不同，形成了强弱不同的色相对比。

色相对比的应用是基于色相环来说的，包括同类色对比、邻近色对比、对比色对比、互补色对比。

（1）同类色对比配色

同类色对比是指色相环中15°对应的颜色之间的对比。因为度数较小，两个颜色基本上属于同一类颜色，因此称为同类色对比，比如叶绿色和绿色、群青蓝色与群青色。在软装设计中应用同类色对比的搭配方法是较为常见的，因同类色的色相基本相同，只是明度与纯度有差别，因此整体对比较弱，非常容易协调统一，属于用色搭配比较容易把握的。

在软装设计中，有一些情况可以用同类色对比的方法来进行颜色搭配，具体情况如下：

①当搭配色彩需要整体调和统一时，可以采用同类色对比的方法。在空间当中，大面积使用同类色进行色彩搭配，运用色相基本相同的颜色，通过明度和纯度的变化来进行色彩搭配。由于色相相同，所以搭配起来的色彩容易显得单调乏味，因此，在应用此方法时，要通过运用明度和纯度的变化使颜色看起来丰富。比如柿子色和杏红色的色相非常接近，可以提高柿子色的明度，或降低杏红色的纯度，加强两个颜色的对比，赋予变化。

②当空间需要平静祥和时，可采用同类色对比的方法。此时宜采用易使人感觉平静或冷静的颜色，一般选用纯度较低的颜色。比如浅黄色与米色，浅蓝色与海蓝色。

③当需要单一色彩表现空间时，可采用同类色对比的方法。这样会使空间显得单纯、柔和、协调。如春蓝色和灰蓝色、丁香紫色和闪蝶紫色。

（2）邻近色对比配色

邻近色对比是指色相环中45°对应的颜色之间的对比。在色相环中属于相邻的两个颜色，因此称为邻近色对比。邻近色在色相环中是相邻的两个颜色，它们虽然色相不同，但相互间会融入对方的颜色，比如红色和橙色，橙色里就包含了红色的成分。虽然邻近色对比较同类色对比效果略有增强，但还是具有较好的融合效果。因此在软装设计中，邻近色对比的应用是比较好把握的，应用也较为广泛。

在软装设计中应用邻近色对比的情况有以下几种：

①当需要色彩在统一中略有变化时，可采用邻近色对比的方法。在具体应用时，除了注意色相的略微变化外，还是同样要注意纯度和明度的变化，也可以利用纯度和明度的变化，调节邻近色之间的对比效果。比如运用黄色和绿色时，可选用纯度略高的藤黄色和纯度略低的铜绿色。

②若想使平静的空间略有起伏变化时，可采用邻近色对比的方法。邻近色的运用，能使空间在统一中略有变化，显得雅致耐看。

③当空间既具有静态功能又具有动态功能时，可选用邻近色对比的方法进行配色。它是平和中带有俏皮的变化。

（3）对比色对比配色

对比色对比是指在色相环中120°所对应的颜色之间的对比。对比色最典型的代表就是色彩的三原色：红、黄、蓝。对比色在色相环中相距较远，对比较为强烈。在软装设计色彩搭配的应用中，应注意色相、纯度、明度之间的关系，应该相应调整不同色相之间的纯度和明度，使搭配效果让人看起来舒适。

在软装设计中，对比色的应用如下：

①当空间色彩搭配需要较强对比效果的时候，可采用对比色对比的方法进行配色。对比色在对比应用时不能一味地、单独地强调对比，而要根据空间的具体需求进行调和处理。

②当给动态空间进行配色时，可采用对比色对比的方法进行配色。这样会使空间富于动感，使人兴奋。但过分的对比会使人的视觉和精神产生疲劳，因此要进行适当的调和。

③当进行配色选择辅助色和点缀色时，可采用对比色对比的方法进行配色。特别是在选择点缀色时，若想色彩反差较大，但又不想对比太过强烈时，可选用主体色的对比色，进行点缀配色。如空间的主体色是湖蓝灰色，可以选用鸡冠花红色进行局部点缀，使清爽的颜色也温暖起来。

（4）互补色对比配色

互补色对比是指在色相环中180°所对应的颜色之间的对比。互补色对比是色相对比中最强烈的，是最富有刺激性和最具有视觉冲击力的对比。同时又是最不安定、最过分刺激、最不调和的对比。有时会显得原始、粗俗、幼稚。因此在软装设计配色运用互补色对比时，需要巧妙地运用它的特点，注意色彩之间的调和。

在软装设计中，互补色对比的应用方法，具体如下：

①当空间配色需要强烈对比效果时，可选用互补色对比的方法进行配色。互补色对比在视觉上会达到最强烈的对比效果，会带来非常强的刺激性，因此在软装设计配色的具体应用时，一般色相会应用互补色，但在纯度和明度上会进行相应的调整来缓和过于强烈的对比效果。例如运用红色和绿色搭配时，往往会降低它们的纯度，来达到一种微妙的平衡。

②当空间需要体现强烈的动态效果时，会采用互补色对比的方法进行配色。色彩的纯度越高，对比效果越强烈。因为软装设计是为人服务的，要让人感到生理和心理上的舒适，因此，在运用互补色对比进行配色时，应考虑适当地调和。

③当为空间点缀色进行配色时，可以选用主体色或辅助色的互补色进行色彩配色。

2.明暗对比

明暗对比是由色彩的亮度不同而形成的对比。指的是色彩明度的不同，也称为明度对比。明暗关系是色彩搭配的基础，任何色相的颜色都可以还原成明暗关系来思考。色彩中的明暗关系就相当于人体的骨骼一样，有着至关重要的作用。

色彩从黑到白分为9个等级，靠近黑色的部分称为低色调，靠近白色的部分称为高色调，中间的部分称为中色调。对比强烈的称为长调，对比弱的称为短调，对比适中的称为中调。

在进行软装设计配色时，明暗关系是非常重要的，可以作为首先考虑的部分。

（1）高短调配色

以高色调区域的明亮色彩为主要颜色，以亮度稍有变化的颜色进行搭配，形成高调的弱对比效果。色彩明亮，对比不明显，给人轻柔、优雅、柔软、安静、温馨、光明的感觉，有一种女性化的、朦胧的感觉。如浅淡的肉粉色、明亮的雪灰色与乳白色、牙色与浅驼色、白色与淡藕荷色等。

（2）高中调配色

以高调区域的明亮色彩为主要颜色，搭配中明度色彩，形成高调的中对比效果。高调与中调的结合，明度高，对比适中，其色彩自然、明确、优雅、愉悦。如浅米色与中驼色、白色与中绿色、浅紫色与中灰紫等。

（3）高长调配色

以高调区域的明亮色彩为主要颜色，搭配低明度色彩，形成高调的强对比效果。色彩对比强烈，富有刺激性，具有清晰、明朗、活泼、鲜明、积极的效果。如月白色与炭黑色、蜡白色与藏黑蓝色。

（4）中短调配色

以中调区域的色彩为主要颜色，搭配稍有变化的色彩，形成中调的弱对比效果，有模糊而平板的、含蓄、朴素的感觉。如灰绿色与深烟红色、花青色与米红色等。

（5）中调配色

以中调区域的色彩为主要颜色，搭配较高明度或较低明度的色彩，形成中调的中对比效果，有稳定、明朗、和谐的感觉。如咖啡棕色与黑紫色，玉石蓝色和水黄色。

（6）中长调配色

以中调区域的色彩为主要颜色，搭配高明度和低明度色彩，形成中调的强对比效果。具有丰富、充实、强壮而有力的效果，有强有力的、男性化的阳刚之气。如大面积中明度色与小面积的白色、黑色、枣红色，牛仔蓝与白色。

（7）低短调配色

以低调区域的色彩为主要颜色，搭配低明度色彩，形成低调的弱对比效果。有忧郁的、死寂的、模糊不清的感觉，沉着、朴素，并带有几分忧郁。如深灰色与靛蓝色，橄榄绿与暗褐色等。

（8）低中调配色

以低调区域的色彩为主要颜色，搭配中明度色彩，形成低调的中对比色效果，有庄重的、强劲的、苦恼的、苦闷的、寂寞的感觉。如深灰色与土色、深紫色与钴蓝色、橄榄绿与金褐色等。

（9）低长调配色

以低调区域的色彩为主要颜色，搭配高明度色彩，形成低调的强对比效果。它低沉，刺激性强，有爆发性的干扰力，如深蓝色与钛白色、深褐色与米黄色等。

（10）最长调配色

最长调配色是以黑、白两色构成的，明度对比最强，色彩单纯，视觉效果极为强烈，具有尖锐、简单的特性，含有醒目的、生硬的、明晰的、简单化等感觉。

3.冷暖对比

色彩学家约翰内斯·伊顿曾经通过两个实验表明，温度感觉与视觉领域的色彩感觉有着密不可分的关系。在粉刷成蓝绿色的工作室里和粉刷成红橙色的工作室里，人们对冷热的主观感觉相差华氏 5~7 度，这意味着蓝绿色使人循环减慢，而橙红色却使其加速。

动物实验获得了同样结果，将一个赛跑用马的马房分成两部分，一部分粉刷成蓝色，另一部分粉刷成红橙色。蓝色部分的马匹赛跑后很快就安静下来，而在红橙色部分的马匹却在相对较长时间内依然感到燥热不安。此外，蓝色部分里没有苍蝇，红橙色部分里却有很多。

日本色彩学家大智浩曾举了个例子：将一个工作场地涂成灰青色，另一个工作场地涂成红橙色。这两个工作场地的客观温度条件是相同的，工人的劳动强度也一样，但色彩会影响人的心理与生理。在灰青色工作场地的人比在红橙色工作场地的人更容易感觉冷。这证明了色彩的温度感对人的影响力。原因是蓝色能降低血压，血流变缓即有冷的感觉。相反，红橙色引起血压增高，血液循环加快，即有暖感。

色彩的冷暖主要是指色彩结构在色相上呈现出来的总印象。这是基于物理、生理、心理以及色彩自身的面貌来说的。这些综合因素是依赖于人和社会生活经验与联想而产生的感受。如我们看到青、绿、蓝一类色彩时常联想到冰、雪、海洋、蓝天，产生冷寒的心理感受，通常就把这类色界定为冷色；看到橙、红、暖黄一类色彩，就想到温暖的阳光、火、夏天，从而产生温热的心理效应，故将这一类色称为暖色。冷暖本来是人的肌体对外界温度高低的感受，但由于人对自然界客观事物的长期接触和生活经验的积累，使我们在看到某些色彩时，就会在视觉与心理上产生一种下意识的联想，出现冷或暖的条件反射。在实际应用中也就构成了可感知的色彩的"冷暖调"。

在软装设计中可以运用冷暖调进行配色。

（1）当在室内空间中想体现温暖、温馨、活跃的感觉时，可运用暖色调的色彩进行配色。如荷花红色、牵牛紫色、釉红色。

（2）当在室内空间中想体现安静、沉稳、冷静的感觉或为狭小的空间配色时，可运用冷色调的色彩进行配色。如船坞蓝、深牡丹蓝、墨绿色。

（3）运用冷色与暖色对比进行配色，显得更有层次感，并且可以表达出丰富的情绪和意境。如暗云杉绿色和姜黄色、芭蕾舞鞋粉色和铁绿色。

（4）色彩的冷暖定位是一个假定性的概念，有些色彩只有比较才能确定其色性。在配色中，有些色彩既是冷色也是暖色，可利用这一特性进行巧妙的搭配。例如整体的空间搭配的主色调为干草黄色，在不同的小空间中，可以通过与不同颜色的搭配形成不同的冷暖效果。与琉璃蓝色搭配，干草黄色为暖色，空间就是暖色调为主，冷色调为辅。若与荷花红色搭配，干草黄色即为冷色，空间就是以冷色调为主，暖色调为辅。

4. 色度对比

色度是不包括亮度在内的颜色的性质，它反映的是颜色的色调和饱和度，也称为纯度。将两个或两个以上不同纯度的色彩并置，能够产生色彩的鲜艳或者浑浊的对比感受。在软装设计的配色中，色度对比是一个非常重要的配色手法。

将色彩的纯度由鲜艳到浑浊分为 9 个阶段，靠近鲜艳色的为鲜色调，靠近浑浊色的为灰色调，位于中间的为中色调。颜色相隔远的为纯度的强对比，颜色相隔近的为纯度的弱对比，颜色相隔适中的为纯度的中对比。

（1）鲜强调配色

以鲜色调区域的颜色为主要颜色，搭配低纯度色彩，达到鲜色调的强对比效果，给人鲜艳、生动、活泼、华丽、强烈的感觉。如牡丹红色和油烟墨色、橙色与兽皮色。

（2）鲜中调配色

以鲜色调区域的颜色为主要颜色，与中色调区域的颜色进行搭配，达到鲜色调的中对比效果。感觉较刺激，较生动。如巴黎绿色与凤仙紫色、铁线莲色与尼罗蓝色。

（3）鲜弱调配色

以鲜色调区域的颜色为主要颜色，与鲜艳程度稍有变化的颜色进行搭配，达到鲜色调的弱对比效果。由于色彩纯度都高，组合对比后互相起着抵制、碰撞的作用，故感觉刺目、俗气、幼稚、原始、火爆。如火焰红色与橘红色、金盏花色与苹果绿色。

（4）中强调配色

以中色调区域的颜色为主要颜色，搭配高纯度或低纯度的颜色，达到中色调的强对比效果。给人适当、大众化的感觉，如草木绿色与宫廷紫色、杏黄色与水蓝色。

（5）中中调配色

以中色调区域的颜色为主要颜色，搭配较高纯度或较低纯度的颜色，达到中色调的中对比效果。给人温和、静态、舒适感，如鲜蓝色与库金色、洋葱紫色与象牙红色。

（6）中弱调配色

以中色调区域的颜色为主要颜色，搭配与之纯度相近的颜色，达到中色调的弱对比效果。给人平板、含混、单调的感觉，如青金色与玉石蓝色、香槟黄色与孔雀绿色。

（7）灰强调配色

以灰色调区域的颜色为主要颜色，搭配高纯度的颜色，达到灰色调的强对比效果。让人感觉大方、高雅而又活泼，如石青色与赤色、深银灰色与朱膘色。

（8）灰中调配色

以灰色调区域的颜色为主要颜色，搭配较高纯度或较低纯度的颜色，达到灰色调的中对比效果。让人感觉沉静、大方，如烟栗色与绿松石色、米灰色与黛蓝色。

（9）灰弱调配色

以灰色调区域的颜色为主要颜色，搭配与之纯度相近的颜色，达到灰色调的弱对比效果。让人感觉雅致、细腻、耐看、含蓄、朦胧，如鸦青色与月白色、蜡黄色与苔灰色。

5. 面积对比

面积对比是指两个或更多色块的相对色域，是一种多与少、大与小之间的对比。色彩可以组合在任何大小的色域中，但是我们要研究在两种或两种以上的色彩之间应该有什么样的色量比例才算是平衡的，也就是不让一种色彩使用得更为突出。

两种因素决定一种纯度色彩的力量，即它的明度和面积。在将这些光亮度转变成为和谐色域时，必须将光亮度的比例倒转，即黄色比它的补色强三倍，因此它只应该占据相当于其补色紫色色域的1/3。和谐的色域产生静止而安然的效果。当采用了和谐比例之后，面积对比就会被中和。只有当所有色相呈现出它们最大的纯度时，这里所说的比例才是有效的。

如果在一幅色彩构图中使用了与和谐比例不同的色域，从而使一种色彩占支配地位，那么取得的效果就会是富于表现性的。如在黄绿色中的红色块，黄绿色的面积较大，但是由于红色不是黄绿色的确切补色，面积对比的效果就为同时对比的效果所增补。红色不仅得到加强，而且它的红性也明显地变更了。

面积对比的特性是它可以加强或减弱任何其他对比效果。在软装设计中，各颜色所占面积是搭配很重要的部分，可以运用黄金比例进行色彩比例搭配。室内一般分为三个色彩框架：主色彩、次要色彩、点缀色彩。按照 60∶30∶10 的比例进行分配，墙壁占 60%，家具、布艺占 30%，小的装饰品占 10%。点缀色虽然是占比最少的色彩，但往往起到最重要的强调作用。

四、色彩的调和

色彩的对比和调和是同时存在的。它们的关系是密不可分、相互联系的。色彩的调和是从音乐理论中引进的概念，是指各种色彩的配合取得和谐的意思。使人赏心悦目、心理舒适、心情愉快的配色，都是调和的。调和也可以是一种手段，运用不同的手法，将配色进行调和。

具体来说，"调和"一词有两种含义：一种指对有差别的、有对比的、甚至相反的事物，为了使之成为和谐的整体而进行调整、搭配和组合的过程。另一种指不同的事物合在一起之后所呈现的和谐、有秩序、有条理、有组织、有效率和多样统一的状态（或称多样统一）。

调和的手法包括以下几种。

（一）同一调和配色

当两个或两个以上的颜色对比非常尖锐刺激时，可增加统一的一致性因素，使强烈刺激的各种颜色得到缓和。一致性的因素越多，调和的感觉越强。在软装设计的配色中，如果选用对比强烈的颜色进行配色，我们可以用同一调和的方法进行配色。具体方法如下：

1. 混入同种颜色调和

当我们选择的颜色对比强烈时，我们可以在颜色里面加入同一种颜色进行调和。无彩色和有彩色都可以。例如选择红色和绿色进行色彩搭配时，对比非常强烈，这时我们可以在颜色当中加入无彩色系中的灰色进行调和，变成红色调的灰色和绿色调的灰色，如红灰莲色和中条虾绿色。也可以加入赭石色，变成具有棕色意味的颜色，如棕红色和铁绿色。

2. 相互混合调和

将需要调和的两个颜色相互混合，都在对方中加入少量的颜色进行调和。例如蓝色和黄色，在蓝色当中加入少许的黄色，使蓝色带有些许绿色的意味，在黄色当中加入少许的蓝色，使黄色也带有些许绿色的意味，这样使蓝色和黄色这对对比色更容易调和。

3. 点缀调和

将需要调和的两个颜色相互点缀，使双方都具有对方的颜色，不是颜色真正的混合，而是空间的视觉混合。如绿色和橙色，在卧室中绿色的壁纸上带有少许的橙色花纹，在以橙色为主的床及床品上，也带有绿色的花纹或局部的绿色色块。再如邻近色也可运用此方法，在客厅里黄色的窗帘上带有绿色的图案，窗帘前的桌子上放着绿色的花瓶，里面插开着黄色花朵的植物。如此调和既协调统一，又富有层次感。

4. 同色相调和

运用相同色相的颜色进行配色。由于色相相同颜色极具统一感，但容易单调呆板，需要对颜色的明度和纯度进行调整变化，形成丰富的层次感。

5. 同明度调和

将需要调和的颜色调整为同一明度，一般能取得含蓄、丰富、高雅的色彩调和效果。如高短调、中短调、低短调。再如黄色和紫色，黄色的明度较高，紫色的明度较低，将黄色的明度降低到与紫色同明度，黄色会显得灰暗很多，减弱了与紫色的对比效果。

6. 同纯度调和

将需要调和的颜色调整为同一纯度，为取得协调和谐的效果，一般采用降低纯度的方法来进行调和。如红色和绿色，将红色和绿色降低到同一纯度，使其都失去原本鲜艳的色彩，变得灰暗了很多，更容易调和在一起。

（二）近似调和

选择性质和程度很接近的色彩组合，或者增加对比色各方面的同一性，使色彩间的差别很小，但又不完全一致，有一定变化。如静谧蓝色和丁香紫色，姜黄色和橄榄绿色。

1. 秩序调和

把不同色相、明度、纯度的色彩组织起来，形成渐变的、有条理的、等差的、有韵律的画面效果。使原来对比强烈、刺激的画面效果得到调和，使原来自由散漫、杂乱无章的色彩变得有条理、有秩序，从而达到统一调和，如彩虹、色相环。

2. 面积调和

面积调和是不改变色彩的色相、明度、纯度，只通过改变面积的大小进行调和。如两个对比强烈的颜色，将其中一个颜色的面积缩小，面积越小越调和。当两个面积差别较大、色彩相近的颜色在一起时，将两个颜色的面积调成同等大小，会显得更加调和。

3. 分割调和

不改变色彩的任何属性，只是在色彩之间建立一个缓冲地带，来调和色彩之间的强烈对比。把对比的颜色用无彩色进行勾边，使对比的色彩互不侵犯、平稳和谐，也可以使用低纯度的色彩进行勾边。

五、流行色

所谓流行色，就是指某个时期内人们共同爱好的带有倾向性的色彩。流行色有两类：常用色和时髦色。在软装设计中我们也可以参考流行色来进行设计。

常用色是经过一段时间的流行，逐步形成经典色，成为人们经常选择的颜色。在软装设计中，如白色、灰色。在选择墙面颜色的时候，由于白色明亮，并且能与任何颜色都和谐搭配，成为人们经常选用的颜色。

时髦色是在一段时间内流行的颜色，时间或长或短，有一定时效性。现在越来越多的人在室内软装中融入流行色。流行色与当下的科技、经济、政治、环境、思想风潮、社会热点等领域，甚至与艺术、音乐、美食都有关。因此很容易走进人们的心里，被人们接受。

每年，很多机构会发布未来一段时间的流行色，设计师及生产商也会根据流行色设计生产相关产品。在做软装设计时，也就有了更多的关于流行色的选择。

随着人们对生活品质的要求越来越高，在做软装设计配色时，需要考虑的因素也越来越多，流行色逐渐成为软装配色的重要参考。流行色的发布一般会是一系列的，不同公司发布的具体细节不同，大多会有一两个主要流行色，还会发布流行色的相关配色建议，同时也会提供不同色彩及材质的色卡供我们参考。

六、色彩的搭配与应用

（一）室内空间色彩搭配比例

室内软装的搭配可以按照比例进行，可以运用数学中的黄金比例进行室内色彩的搭配，分为三个部分，即背景色彩、主要色彩、点缀色彩的占比，按照 60∶30∶10 的原则进行色彩比重分配。

（二）色彩搭配灵感来源

1. 业主本身

根据业主的性格、喜好、职业、家庭结构、生活方式、宗教信仰等寻找配色。如性格稳重、深沉、严谨，所居住的空间可采用冷色、低纯度的颜色。如性格热情、活泼、好动，可采用暖色、纯度略高、对比略强烈的色彩进行搭配。再如不同的生活方式也影响对颜色的选择，在客厅颜色的选择上，平时喜欢在客厅看看书、喝喝茶，进行独处或从事相对安静的活动的业主，客厅可以选择冷色、低纯度、能营造安静氛围的颜色；若是喜欢经常三五好友在家中聚会，客厅可以选择暖色、温馨、活泼的颜色。

设计要以人为本，因此可以先从业主的需要入手去寻找灵感，满足业主生理和心理的需求。

2. 流行时尚

设计本身就走在时尚前沿，我们可以从流行时尚里寻找灵感。如服装、化妆品、各色流行产品等都可以作为灵感的来源。特别是一些大品牌，有专业的配色团队，甚至引领了时尚的走向，也可以从专业的流行色发布公司和大品牌公司发布的流行色中寻找灵感。

3. 自然

自然界是人类赖以生存的环境，人类创造的很多东西都来源于人们对自然的感受。比如形式美法则就是人们对自然及周围环境的感受的总结。

人们对于颜色的认知最早来源于自然，以前的颜料都是纯天然的，来源于自然界。如赭石、青色都是来源于矿石，白色来源于一种动物的贝壳碎碟。那么，在自然界寻找颜色的灵感是最合适不过的了。无论是山川湖泊，还是植物、动物都拥有无穷的色彩，我们可以从中提炼，做出配色方案。

4. 传统民族文化

传统民族文化是人类文明的传承，包含人类的智慧。颜色的运用也随着时间的变迁不断变化、沉淀，形成不同的民族特色。民族的就是世界的，我们不应该将自己民族的文化遗忘，而应该传承发扬。具体运用时，可以全部继承传统的色彩，不做变化，这样可以还原民族色彩的真实面貌，也可以以传统颜色为基础，运用现代的设计手法和材料，将颜色提炼、演变，将传统颜色以崭新的面貌呈现，使其更好地融入现代社会。

5. 儿童的世界

儿童是天真无邪的，对于世界及事物的认识是纯粹的。儿童运用颜色绘画，往往出于本能，不去考虑色彩原理或规矩，而是运用人类对色彩的原始意识进行绘画，这种意识随着年龄的增长和外来因素的影响，会逐渐减弱。儿童的用色有很多值得我们借鉴的地方。有人说儿童喜欢运用色彩鲜艳的纯色，画出的作品都是五颜六色的。其实不然，儿童也喜欢运用黑、白、灰进行绘画，也会有我们认为的高级灰。因此，从儿童画里寻找灵感，是一个很好的选择。

6. 绘画作品

绘画作品充满了丰富的颜色，我们可以从中借鉴，特别是大师的作品，用色可谓炉火纯青。大师们创造出不同的色彩搭配和表现手法，运用颜色表现丰富的内涵。例如，彼埃·蒙德里安用三原色和点线面构成画面，还原事物本身的面貌。乔治·莫兰迪的作品在用色方面特别讲究，他摒弃艳彩，不突兀的颜色大都被灰度调和，有种混沌不明的感觉。从绘画作品，特别是大师的作品中可以寻找到丰富的配色方法，目前很多艺术作品是从中寻找灵感而创作出来的。

（三）色彩的生理和心理效应

在进行色彩配色时，应以适应人的感受为前提。人们会对各种颜色产生不同的心理生理反应，因此必须了解色彩的生理和心理效应，才能更好地进行色彩搭配。

1. 红色

红色的波长是最长的，对人类视觉有强烈的刺激作用，红色让人联想起太阳、火焰、革命、战争、血腥。在所有的颜色中，红色最能加速脉搏的跳动，接触红色过多，会感到身心受压，出现焦躁感，长期接触红色还会使人疲劳，甚至出现精疲力竭的感觉。这种红色指的是纯度高的鲜艳的颜色。因此在室内空间一般不会大面积的出现，除非刻意追求某种效果。低纯度的红色则不会产生以上效果，特别是带有红色意味的灰色，或是提高或降低明度的红色，不会太夺目，反而会显得温馨、活泼。

2. 黄色

黄色是色相环中明度最高的颜色，也是穿透力最强的颜色，如黄色的防雾灯，具有很强的穿透力。古代帝王的服饰和宫殿常用此色，能给人以高贵、娇媚、辉煌的印象。黄色可刺激精神系统和消化系统，还可使人们感到光明和喜悦，有助于提高逻辑思维的能力。如果大量使用金黄色，容易出现不稳定感。黄色明度较高，单纯使用黄色会使空间轻飘，没有稳定感，因此在软装配色时黄色最好与其他颜色搭配。

3. 绿色

绿色是自然界的颜色，富有生机，可以使人想到新生、青春、健康和永恒，也是公平、安静、智能、谦逊的象征，它有助于消化和镇静，促进身体平衡，对好动者和身心受压者极有益，自然的绿色对于克服晕厥疲劳和消极情绪有一定的作用。绿色是人们非常容易接受的颜色，是几乎没有贬义和消极影响的颜色。流行色中常见绿色，不论绿色的明度、纯度高还是低，都容易搭配出让人舒适的配色。

4. 蓝色

蓝色使人联想到浩瀚的海洋和蔚蓝的天空，使人联想到深沉、远大、悠久、理智、理想。蓝色是色相环中最冷的颜色，是一种极其冷静的颜色。蓝色易使人眼界开阔，在空间中使用，有扩大空间的效果。但从消极方面看，蓝色也容易激起忧郁、贫寒、冷淡等感情。蓝色还能缓解紧张情绪，缓解头痛、发烧、失眠等症状，有利于调整体内平衡，使人感到幽雅、宁静。蓝色的明度高低不同，会产生不同的效果，如深蓝色深沉、冷静，浅蓝色自由、平静、活泼。

5. 橙色

橙色既具有红色的强烈，又具有黄色的明亮，能产生活力，诱人食欲，有助于钙的吸收，因此可用于餐厅等场所。但纯度不宜过高，否则，可能使人过于兴奋，出现情绪不良的后果。

6. 紫色

紫色是所有颜色中最特别的，它和冷色搭配时是冷色，和暖色搭配时是暖色。紫色是由温暖的红色和冷静的蓝色混合而成，是极佳的刺激色。紫色对运动神经系统、淋巴系统和心脏系统有抑制作用，可以维持体内钾平衡，并使人有安全感。从画家的视角来看，紫色是最难调配的一种颜色，有无数种明暗和色调可以选择，可以冷一些，也可以暖一些。

（四）色彩搭配原则

1. 明确空间功能

配色之前首先要明确空间功能，不同的空间对配色的要求不同，例如卧室的配色需要有助于睡眠和休息，低纯度的颜色更适合。餐厅的配色需要有助于就餐和引起食欲，暖色特别是橙色和黄色更适合。客厅的用色相对灵活一些，可以根据使用者的要求及使用方式来进行配色，或热情奔放，或舒适安逸。

2. 确定营造的氛围

配色之前还需要明确空间的氛围，是轻松的、轻灵的，还是温暖细致的，根据氛围去选择配色方案，才是最适合的。比如用米色、奶油色等，都是比较温柔的颜色，让人心情惬意，非常放松。湖水蓝色、尼加拉蓝色等是比较清爽的颜色，让人平静、安逸。千禧粉色、木瓜橙色等是温暖的颜色，让人开朗、活泼。

3. 考虑空间的大小

配色时需要考虑到空间的大小，通过色彩搭配可以让人在视觉上对感知空间的大小产生影响。例如小空间用简单的、弱对比、冷色调、低纯度的色彩，让人感觉简洁、淡雅，可以使空间看起来宽敞许多。或是用同类色通过不同明度的深浅变化，来增加空间的层次感，增大空间感。反之，大空间用丰富的、较强对比、暖色调、较高纯度的色彩，让人感觉温暖、舒适，减少大空间带来的空虚、冰冷、疏离感。

4. 考虑自然采光

配色时应考虑室内空间的自然采光情况。如果室内采光较差，可选用明度较高或暖色调的颜色，提高空间的空灵感。若光线明亮，长时间受阳光照射，再选用一些特别明亮的颜色，会让人烦躁和感觉很燥热。可以考虑偏冷的颜色，如典雅灰等。

5. 选择统一色调

在进行配色时，统一的色调是一个非常不错的选择，在具体实施时比较容易实现。比如选用绿色调进行空间搭配，可以选择不同明度和纯度的绿色进行搭配，比如草木绿、淡绿、松石绿等，但这不是说为了色彩统一就一味地使用绿色，否则会显得单调乏味、千篇一律，容易造成视觉疲劳。要巧妙地使用点缀色，用小的装饰品进行点缀，赋予空间色彩生机。例如，使用黄色系的色彩与绿色调搭配，会使空间和谐中富于变化。使用少量的红色对绿色进行点缀，会使空间活跃、灵动。

6. 注意灯光照明

空间中除了自然采光，还离不开人工照明。室内照明与配色也有很大的关系，选择合适的灯光可以还原色彩真实的面貌，或使空间的色彩层次分明，灵活多变。

7. 主要色不宜过多

如果为了更好地把握空间配色，主要色尽量不要超过三种，这样不易杂乱，容易形成调和的氛围。

8. 空间三角形配色

配色时不应只考虑从某一角度看过去的二维空间的搭配效果，而是应该以三维空间为出发点，多角度立体思考。可以运用三角形配色，使颜色在空间中均衡又有呼应，这里的三角形是指在三维空间中的形。例如卧室中床头背景墙的挂画、床上的抱枕和窗帘运用同一种颜色，在空间中形成三角形，使空间的色彩看起来稳定，有节奏感。

第四章　室内软装的家具、布艺和灯饰

第一节　室内软装家具

从广义上讲家具是指人类维持正常生活、从事生产实践和开展社会活动必不可少的一类器具。《中国大百科全书·轻工卷》中对"家具"的定义是："人类日常生活和社会活动中使用的，具有坐卧、凭依、贮藏、间隔等功能的器具。"

家具是人类生活必不可少的器具，根据社会学专家统计，大多数社会成员在家具上接触的时间占人一生 2/3 以上。家具在室内空间中具有重要的作用，它具有空间性质的识别作用，能组织并分割空间，构建室内空间环境，强化室内风格，调节室内环境色彩的搭配，为室内空间营造气氛。软装设计中家具更是具有举足轻重的作用，特别是空间的风格主要由家具来主导。

一、家具的种类

家具的种类繁多，可以按照很多种方式分类。按使用场所分类，不同的场所具有不同的功能，因此需要各种不同的家具来满足功能。如民用家具中的卧房家具、客厅家具、餐厅家具、书房家具、厨房家具、卫生间家具、户外家具等，办公家具中的大班台、椅、桌、书柜、沙发、茶几、角几，酒店家具中的衣柜、床、床头柜、休闲椅、吧台、吧椅、酒柜、班台、班椅、沙发、茶几、边几、玄关柜（台）、卫浴系列等。按风格分类，每种风格都有其独具特色的家具，如中式古典家具、中式现代家具、欧式古典家具、欧式现代家具、美式家具、地中海家具、北欧家具等。按材料分类，家具使用的材料较为广泛，除了单一材料的使用，还有材料的组合使用。如实木家具、板式家具、藤编家具、竹编家具、金属家具、玉石家具、钢木家具、软体家具及其他材料组合（如玻璃、大理石、陶瓷、无机矿物、纤维织物、树脂等）。按家具结构分类，多种家具结构可以满足不同的功能需求，如整装家具、拆装家具、折叠家具、组合家具、连壁家具、悬吊家具。按家具造型的效果进行分类，在空间设计中，家具除了具有功能作用，还具有装饰作用，分为普通家具、艺术家具。按家具产品的档次分类，不同的材料、工艺对家具的品质和价格有很大的影响，分为高档、中高档、中档、中低档、低档。

二、家具的材质及工艺

制作家具的材料及工艺多种多样，不同的地域使用的材料也不同。特别是随着新技术、新材料的发展，家具的设计和制作有了更多的选择，包括木材、人造板材、金属、塑料、玻璃、竹藤、石材等。

（一）木材

木材的质地和性能是与其成材期成正比的。生长缓慢、成材期长的木材大都材质致密而沉重，其木质的韧性、硬度、强度、抗冲击和抗震能力也相应出色，是为硬木。硬木制作的家具，结实耐用，但价格都比较昂贵，而大部分软木材质轻软、硬度低、韧性差、抗冲击和抗震动能力低，属于速生材，其生长迅速、成材期短，不适合制作家具。还有小部分软木，即我们常说的中档木材，其生长速度、木质性能比较适中，价格又能为大众所接受，因此在家具制作领域应用最为广泛。

1. 檀香木

檀香木素有"香料之王"的誉称，历来备受人们所推崇。檀香木一般呈黄褐色，时间长了则颜色稍深。它光泽好，质地坚硬，手感好，纹理通直或微呈波纹，生长轮不甚明显，香气醇厚经久不散。

2. 紫檀木

紫檀木产于亚热带地区，材质致密坚硬，入水即沉，耐久性强，由于其生长缓慢，故而极难得到整面板材。紫檀是世界上最珍贵的木科品种之一，由于数量稀少，见者不多，遂为世人所珍重。目前被植物学界公认的紫檀只有一种，即"檀香紫檀"，俗称"小叶檀"，其产地为印度南部。这个树种十分稀少，百年不能成材，一棵紫檀要生长几百年以后才可以使用，所以自古有"寸檀寸金"之说。

3. 绿檀

绿檀又称"百乐圣檀"，产地主要分布在美洲、加勒比海及中美洲地区，是美洲木材中的极品。绿檀木生长于原始森林，终年云雾袅绕，采天地之灵气，18 世纪初被用于制作高档家具及艺术品，以及提炼香精使用。由于其含有较丰富的有机物质，所以在阳光下呈黄褐色，在光线暗处变幻成绿色，湿度和温度升高则变幻成深蓝色、紫色。绿檀木质地坚硬，侵蚀不朽，有自然漂亮的木纹，手感滑润细腻，香气芬芳永恒，色彩绚丽多变，是制作家具和艺术品的上等材料；而且绿檀木可提神醒脑，长期接触对身体有益，是大自然中不可多得的恩赐。

4. 海南黄花梨

海南黄花梨又名"降香黄檀"（香枝木类），是我国特有的珍稀树种。分布于海南岛低海拔的平原或者丘陵地区，为国家三级保护植物，是国际标准5属8类34种红木之一，其用途广泛，木材价值相当高。花梨木心材呈红褐色或紫红褐色，久则变为暗红色，常含有深褐色条纹，木质纹理交错，自然成形，花纹美观。用花梨木制做出来的家具，简洁明快、富丽堂皇且色泽深沉华美、典雅尊贵，经久耐用，百年不腐。花梨木家具还能长久地散发出清幽的木香之气，有提神辟邪之说法。其材质硬重，结构细匀，强度高，且耐腐、耐久，有大案可达丈三长、二尺余宽，多半出现在明式家具上。黄花梨的功能已经远远超越了其物理使用功能，而演变为一种艺术品。

5. 柚木

柚木材质坚硬耐久，具有高度的耐腐性，不易变形，是膨胀率最小的木材之一，多见于船只甲板和东方家具。柚木又称为胭脂树、紫柚木、血树，被誉为"万木之王"，在缅甸、印尼被称为"国宝"。它是一种落叶的阔叶乔木。柚木从生长到成材最少经过50年，生长期缓慢。其密度及硬度较高，不易磨损，含有极重的油质。这种油质会使木材保持不变形，有一种特别的香味，能驱蛇、虫、鼠、蚁，还能防蛀。

柚木的主要特征包括：墨线成直线分布，越细越多，代表油质越好，品质越高；一般油质重的木材有颜色较深的油斑，特别是油质生的柚木；柚木初期呈淡黄色或浅褐色，随着日照时间渐多，会逐渐转变成美丽的金黄色。柚木最大的特征是木材含丰富的油质，触摸时会有润滑感，这种油质可以保护家具，使家具光泽如新。

6. 核桃木与胡桃木

核桃木与胡桃木均为同一树种，成材期在五十年以上至数百年，属于东北三大名贵树种之一。核桃木边材呈白色，心材颜色呈浅棕色。在清代是制作家具的主要木材。核桃木密度中等，纹理直，结构细而匀，重量、硬度、干缩及强度适中，冲击韧性高，弯曲性能良好，易手工及机械加工，握螺钉力佳，是良好的雕刻材料。

胡桃木主要产自北美和欧洲。东南亚、国产的胡桃木颜色较浅。黑胡桃呈浅黑褐色带紫色，弦切面为美丽的大抛物线花纹。胡桃木的边材是乳白色，心材从浅棕到深巧克力色，偶尔有紫色和较暗条纹。树纹一般是直的，有时有波浪形或卷曲树纹，形成赏心悦目的装饰图案。胡桃木易于用手工和机械工具加工，适于敲钉、螺钻和胶合。可以持久保留油漆和染色。具有良好的尺寸稳定性，不易变形，是制作家具的上等材料。

7. 美国樱桃木

美国樱桃木产自北美，主要商业林分布于宾夕法尼亚州、弗吉尼亚州、西弗吉尼亚州及纽约州。樱桃木材易于手工加工或机械加工，对刀具的磨损程度低，握钉力、胶着力、抛光性好。美国樱桃木的干燥收缩量大，但烘干后尺寸稳定，密度中等，具有良好的弯曲性能和中等的强度及抗震性能，易加工，纹理雅致，是一种高档木材，适合制造家具、门、乐器和高级细木工制品等。

8. 栎木、橡木

栎木，俗称"柞木"，是一种木质沉重且异常坚硬、纹理直或斜，耐水耐腐，性能稳定的木材。栎木生长缓慢，成材需要上百年，加工难度和胶结要求都很高，但切面光滑，耐磨损，油漆着色、涂饰性能良好。我国国内的家具厂商多采用栎木作为原材料。

橡木，质地细密，管孔内有较多的侵填物，不易吸水，耐腐蚀，强度大，木质重且硬，纹理清晰，触感良好，适合用来制作欧式家具，欧美国家用其来储藏红酒。橡木成材期为五十至数百年，由于优质树种较少，优等橡木需要依靠进口，所以橡木家具价格较高。

橡木和栎木的大部分物理性质可以媲美"红木"，某些特性甚至更优，而价格又相对低廉，所以这两种木材在家具行业应用比较广泛。

9. 黄菠萝

黄菠萝，又名黄柏木，被誉为"木中之王"，是我国三大珍贵阔叶树种之一，主要分布于黑龙江、吉林、辽宁、河北等地的山区。其木材光泽好，纹理直，结构粗，年轮明显且均匀，材质松软，易干燥，加工性能良好，材色花纹美观，油漆和胶接性能良好，不易劈裂，耐腐性好。黄菠萝硬度中性，不易变形，主要用于制造军用枪托，以及各种中高级家具、实木门、楼梯等。近年来，在亚洲用于仿古家具、实木家具、实木门等的制造。

10. 水曲柳

水曲柳简称"曲柳"，为东北三大名贵树种之一，成材期为五十年以上至数百年，质如其名，纹理异常美丽。材质略硬的水曲柳具有较好的弹性和韧性，切面很光滑，油漆和胶黏性能好，加工性能也很好，能用钉、螺丝及胶水很好地固定，可经染色及抛光而取得很好的表面效果。同时具有良好的着色和耐腐、耐水性能，装饰性能出色，适合干燥气候，且老化极轻微，性能变化小，被广泛地应用于装饰行业。

11. 榆木

榆木主要产自北方，成材期亦在五十年以上至数百年。其纹理通达清晰，硬度和强度适中，透雕、浮雕均能适应，从古至今都是制作家具的首选。榆木家具的生产更是从未停止。其天然质朴的色彩和韵致，无不与古人所推崇的做人理念契合，榆木家具代表的不仅仅是一种传统，更是一种文化、品位和格调。榆木心材和边材区分明显，心材暗紫灰色边材暗黄色。榆木木性坚韧，力学强度较高，耐腐蚀性强，硬度与强度适中，有弹性，抗压性强。

12. 榉木

榉木又称"南榆"，在中国长江流域和南方各省都有生长，是中国明清时期民间家具最主要的用材，江南有"无榉不成具"的说法。其材质坚硬耐久，纹理美丽而有光泽，其中有一种带赤色的老龄榉木被称为"血榉"，很像花梨木，是榉木中的佳品；还有一种木纹似山峦起伏的"宝塔纹"的榉木，常常被嵌装在家具的显目处。榉木比大多数硬木都重，抗冲击，蒸汽下易于弯曲，可以制作各种家具。

13. 楠木

《博物要览》载："楠木有三种，一曰香楠，又名紫楠；二曰金丝楠；三曰水楠。南方者多香楠，木微紫而清香，纹美。金丝者出川涧中，木纹有金丝。楠木之至美者，向阳处或结成人物山水之纹。水楠色清而木质甚松，如水杨之类，惟可做桌凳之类。"楠木，视其质地又称为金丝楠、豆瓣楠、香楠或龙胆楠，南方诸省皆有出产，唯以四川产为最好，是一种极为高档的木材。其色略灰而呈浅橙黄，纹理淡雅文静，质地温润柔和，无收缩性，不腐不蛀，遇雨有阵阵幽香。明代宫廷曾大量伐用，现北京故宫等上乘古建筑多为楠木构筑。楠木木材优良，具芳香气，硬度适中，弹性好，易于加工，很少开裂和反挠，为建筑、家具等的珍贵用材。器具除做几案桌椅之外，主要做箱柜。

14. 桦木

桦木的成材期大概为30至60年，其材质较轻，结构细腻，质地稍软至适中，力学强度相对一般，加工性能较好，但不耐腐，属于中档木材，实木和木皮都比较常见。由于桦木水分含量高，抗冲击能力和承重能力较差，成材后多易变形，多用来制作家具的雕花部件，绝少使用于制作桌椅或家具的承重部件。

15. 椴木

椴木，是一种上等木材，具有耐磨、耐腐蚀、易加工、韧性强等特点，广泛应用于细木工板、木制工艺品的制作。椴木硬度适中，木性温和，不易开裂或变形，但其环保性一般，易残存甲醛，使用寿命一般，需定期维护保养。

16. 柏木

柏木别称柏树、柏木树、柏香树等，为柏科柏属乔木。中国栽培柏木历史悠久，为中国特有树种，分布很广，木材为有脂材，材质优良、纹直、结构细、耐腐，是建筑、车船、桥梁、家具和器具等用材。柏木有香味，可以入药，可安神补心，其九曲多姿的枝干、沁人心脾的幽香、万古长青的品性，都给人心灵以净化。柏木色黄、质细、气馥、耐水，多节疤，故民间多用其做"柏木筲"。此外柏木的防腐性好，也被用来制作上好的棺木。

17. 松木

松木是一种针叶植物，具有松香味，难以自然风干，对大气温度反应快，易膨胀，通常需要采用烘干、脱脂漂白等方式进行处理，以中和树性，使之不易变形。松木种类很多，以东北松为例主要分为红松和白松。红松的材质轻软，干燥性好，强度适中，颜色偏红。白松的结构细致均匀，材质轻软而富有弹性，具有更高的强度，如樟子松，又名樟松，是一种优良的造林树种，成材期为 20 到 30 年，使用寿命可达三四十年，是一种广泛应用的实木家具用材。

18. 杨木

杨木亦称"小叶杨"，其材质细软，木性稳定，价格较低廉，抗弯曲强度和刚性较低，抗震能力中等，是北方的常用木材，常用做榆木家具的辅料。

19. 枫木

枫木属温带木材，分为软枫和硬枫两种，产于长江流域以南。其木材呈灰褐至灰红色，结构细匀，质轻而较硬，干燥时易翘曲，花纹图案优良，加工和胶合性强，主要用于板材类贴薄面。

20. 柳桉

柳桉，软木，成材期 10 到 12 年，结构略粗，材质轻重适中，质地比杉木稍硬，胶结和涂饰性能良好，负重能力差。可用来制作胶合板，不适合直接用来制作家具。

21. 杉木

杉木的成材期为 4 至 6 年，是一种速生材。其材质轻软，结构疏松，易干燥，易劈裂。在南方普遍使用，可用来制作纸浆、细木工板等，不适合做家具。

（二）人造板材

如今制作家具，除了以上提到的实木木材，还有一类重要的材料——人造板材。

人造板材，顾名思义，就是利用木材的边角废料或某些速生软木，混合其他纤维制作而成的板材。人造板材有不同的加工材料和加工工艺，种类颇多，其中刨花板、中密度板、细木工板、胶合板、防火板最为常见。它们以各自不同的特点，被广泛应用于不同的家具制造领域。

1. 刨花板

刨花板，是利用边角料与木屑的碎片，经过干燥，拌以胶黏剂、硬化剂、防水剂，在一定的温度下压制而成的一种人造板材。具有结构均匀、加工性能好、吸音和隔音性能好和比较重等特点，是制作各式家具的较好材料。

2. 中密度纤维板

中密度纤维板，是木材或植物纤维经机械分离和化学处理，加入胶黏剂和防水剂等，再经高温、高压而形成的一种人造板材。其结构比天然木材均匀，可避免腐朽和虫蛀。同时，它胀缩性小，便于加工，抗弯曲强度和冲击强度均优于刨花板，是制作家具较为理想的人造板材。由于其表面平整，易于粘贴各种饰面，可使制成的家具更加美观。

3.细木工板

细木工板，俗称大芯板，是由天然木条两面粘压木质（多为木皮）单板而成，按厚度分为3、5、9厘板。它具有很好的防潮能力，但不能直接刷漆，其横向抗弯压强度较高，但竖向抗弯压强度差，可用来做家具或门套等。

4.胶合板

胶合板，也称木夹板，俗称细芯板。它是一组单板按相邻层木纹方向互相垂直组合胶合而成，通常其表板和内层板对称地配置在中心层或板芯的两侧。用涂胶后的单板按木纹方向纵横交错配成的板坯，在加热或不加热的条件下压制而成。层数一般为奇数，少数也有偶数。纵横方向的物理、机械性质差异较小。常用的胶合板有三合板、五合板等类型，一般分3厘板、5厘板、9厘板、12厘板、15厘板和18厘板六种规格。胶合板提高了木材的利用率，是制作家具的常用材料。

5.防火板

防火板，又称"塑料饰面人造板"，是"装饰人造板"（普通人造板材经饰面二次加工的产品，按饰面材料分为天然实木饰面人造板、塑料饰面人造板、纸质饰面人造板等多种类型）的一种。具有优良的耐磨、阻燃、易清洁和耐水等特性，是制作餐桌面、厨房家具、卫生间家具的首选材料。

（三）金属

金属家具的优越性使其在近现代的家具市场中占有很大份额，其中有全金属制品和金属与其他材质的混合制品，可以说是琳琅满目，品种繁多。在混合制品中最常见的有钢木混合家具、钢与皮革混合座椅、钢与塑料混合以及钢与玻璃混合家具等。

1.普通钢材

钢是由铁和碳组成的合金，其强度和韧性都比铁高，因此最适宜于做家具的主体结构。钢材有许多不同的品种和等级，一般用于家具的钢材是优质碳素结构钢或合金结构钢。常见的有方管、圆管等。其壁厚根据不同的要求而不等。钢材在成型后，一般还要经过表面处理，才能变得完美。

2.不锈钢材

在现代家具制作中，使用的不锈钢材有含13%铬的13不锈钢，含18%铬、8%镍的18-8不锈钢等。其耐腐蚀性强，表面光洁程度高，一般常用来做家具的面饰材料。不锈钢的强度和韧性都不如钢材，所以很少用它做结构和承重部分的材料。不锈钢并非绝不生锈，保养也十分重要。不锈钢饰面处理有光面（或称不锈钢镜）、雾面板、丝面板、腐蚀雕刻板、凹凸板、半珠形板和弧形板。

3. 铝材

铝属于有色金属中的轻金属，银白色，相对密度小。铝的耐腐蚀性比较强，便于铸造加工，并可染色。在铝中加入镁、铜、锰、锌、硅等元素组成铝合金后，其化学性质变了，机械性能也明显提高。铝合金可制成平板、波形板或压型板，也可压延成各种断面的型材。表面光滑，光泽中等；耐腐性强，经阳极化处理后更耐久。常用于家具的铝合金成本比较低廉。由于其强度和韧性均不高，所以很少用来做承重的结构部件。

4. 铜材

铜材在家具中的运用历史悠久，应用广泛。铜材表面光滑，光泽中等、温和，有很好的传热性质，经磨光处理后，表面可制成亮度很高的镜面铜。铜常被用于制作家具附件、饰件。由于其金黄色的外表，使家具看上去有一种富丽、华贵的效果。铜材长时间可生绿锈，故应注意保养，定期擦拭。常用的铜材种类如下。

（1）纯铜，性软、表面平滑，光泽中等，可产生绿锈。

（2）黄铜，是铜与亚铝合金，耐腐蚀性好。

（3）青铜，铜锡合金，常表现仿古题材。

（4）白铜，含 9%~11% 镍。

（5）红铜，铜与金的合金。

（四）塑料

塑料家具是一种新性能的家具。塑料的种类很多，但基本上可分为两种类型：热固性塑料和热塑性塑料。前一种用于制造我们常见的无线电收音机、汽车仪表板等；而后一种则用于制造各种家电塑料部件、软管、薄膜或卡勃编等。在现代家具中就把这种新材料通过模型压成椅坐，或者压成各种薄膜，作为柔软家具的蒙面料，也有将各种颜色的塑料软管在钢管上缠绕成一张软椅的。

1. 塑料家具的优势

塑料家具与其他家具相比，具有以下几个方面的优势。

（1）色彩绚丽，线条流畅。塑料家具色彩鲜艳亮丽，颜色丰富，还有透明的家具，其鲜明的视觉效果给人们带来了视觉上的舒适感受。同时，由于塑料家具都是由模具加工成型的，所以具有线条流畅的显著特点，每一个圆角、每一条弧线、每一个网格和接口处都自然流畅、毫无手工的痕迹。

（2）造型多样，随意优美。塑料具有易加工的特点，所以塑料家具的造型具有更多的随意性。随意的造型表达出设计者极具个性化的设计思路，通过一般的家具难以达到的造型来体现一种随意的美。

（3）轻便小巧，拿取方便。与普通的家具相比，塑料家具给人的感觉就是轻便，不需要花费很大的力气，就可以轻易地搬拿，即使是内部有金属支架的塑料家具，其支架一般也是空心的或者直径很小。另外，许多塑料家具都有可以折叠的功能，所以既节省空间，也方便使用。

（4）品种多样，适用面广。塑料家具既适用于公共场所，也适用于一般家庭。在公共场所，见得最多的就是各种各样的椅子；而适用于家庭的品种也不计其数，如餐台、餐椅、储物柜、衣架、鞋架、花架等。

（5）便于清洁，易于保护。塑料家具脏了，可以直接用水清洗，简单方便。另外，塑料家具也比较容易保护，对室内温度、湿度的要求相对比较低，广泛地适用于各种环境。

2.塑料的种类

塑料有 ABC 树脂、聚氯乙烯树脂（PVC）、聚乙烯树脂、聚碳酸酯（PC）、丙烯酸树脂（有机玻璃）等多种类别。

3.塑料的成型方法

各种塑料有不同的成型方法，可以分为膜压、层压、注射、挤出、吹塑、浇铸和反应注射等。

（五）石材

制作石质家具的主要材料有天然大理石、人造大理石和树脂人造大理石。石材家具硬度高，抗磨蚀，耐高温，组织缜密，受撞击晶粒脱落，表面不起毛边，材质稳定，线膨胀系数小，机械精度高，防锈、防磁、绝缘。

（六）竹藤家具

竹藤家具是世界上最古老的家具品种之一。制作十分考究，需经过打光、上光油涂抹，甚至油漆彩绘，使成品变得牢固耐用。竹材光滑细致，具天然纹理，给人清新雅致、自然朴素的感觉还带有淡淡的乡土气息。竹藤家具舒适自然，温馨静谧。竹藤家具经久耐用，清新自然，返璞归真，给家带来全新的自然享受。竹材、藤条均为天然材料，绿色无污染，生长周期短，产量高，均可再生，不影响生态。竹藤家具在加工过程中采用特种胶黏剂，对人无害，利于家居环境。加工过程中产生的废弃料可直接焚烧，作为有机肥料。藤材湿时柔软，干时坚韧，极富弹性，可任意弯曲，塑造形状。

（七）玻璃

玻璃家具是指一种家具种类，该类家具一般采用高硬度的强化玻璃和金属框架，这种玻璃的透明清晰度比普通玻璃高 4~5 倍。高硬度强化玻璃坚固耐用，能承受常规的磕、碰、击、压的力度，完全能承受和木制家具一样的重量。家庭装饰的玻璃材料在厚度、透明度上得到了突破，使得玻璃制作的家具兼具可靠性和实用性，并且在制作中注入了艺术的效果，具有装饰美化居室的功能。

（八）皮革

皮革家具时尚大气，造型简洁，柔软舒适，易于搭配、清洗。皮革的材料有牛皮、猪皮、马皮、驴皮等。真皮有天然毛孔和皮纹，手感丰满、柔软，富有弹性，是经脱毛和鞣制等物理、化学加工所得到的已经变性且不易腐烂的动物皮。皮革是由天然蛋白质纤维在三维空间紧密编织构成的，其表面有一种特殊的粒面层，具有自然的粒纹和光泽，手感舒适。

（九）布艺

纺织品也是家具中会用到的材质，特别是沙发。在当前的纺织工业中，广泛使用的纤维主要有两大类：天然纤维和化学纤维。天然纤维主要包括棉、麻、毛、丝等，而常用的化学纤维包括涤纶、丙纶、腈纶、氨纶、维纶、锦纶等。丝质、绸缎、粗麻、灯芯绒等布料具有不同的特质：丝质、绸缎面料高雅、华贵，给人以富丽堂皇的感觉；粗麻、灯芯绒面料沉实、厚重。布料的花型也有很多种，如条格、几何图案、大花图案及单色等。

三、家具的搭配应用

"光华能照物，乘时堪博古"，这句古诗阐述的正是中国古人对家具的见解——除了实用功能外，家具彰显的是鲜明的审美逸趣，好的家具甚至可以传世。家具还是对建筑空间布局的延续、完善和再创造，能明确空间的功能，组织空间，分割空间。家具与空间的完美搭配，能确定风格基调，形成氛围，赋予空间生命力。具体应用时需结合各方面要素综合考量和搭配。

（一）空间和家具的尺度比例关系

空间面积的大小、房高，都是选择家具前应参考的因素。宽大且高度高的空间适合选择体量大的家具，在家具高度上可以有更多的选择，层次感丰富。如果选择尺寸较小的家具，会显得空间太过空洞，没有灵魂和内容。较小的空间或房高较低的空间则应选择体量小、低矮的家具，会使空间显得大。如果选择大体量的家具，会使空间狭小拥挤，不仅影响美感，还影响空间的使用功能。

（二）家具摆放与人流路线的关系

在空间中摆放家具时，要注意留空，预留出活动空间。就是在一定空间中，家具要尽量少摆放，所占体积不要超过空间总体积的一半，给空间留出更多空白，让空间自由呼吸。家具还有分隔空间，分配人流路线的功能。通过家具的合理摆放，辅助完成居室中的人流路线，使人们在空间中的行动顺畅、方便，满足人们使用功能和精神功能的需求。

（三）家具与硬装的搭配

在选择家具时，除了家具的尺寸要和所摆放空间的尺寸相搭配外，还应跟空间硬装的尺度与风格搭配，比如空间里的踢脚线、门框、地板、壁纸等等，都会影响家具摆放在里面的效果。

（四）家具的重量感和均衡

空间的均衡需要依靠家具的布局来实现。家具除具有自身的质量以外，还具有视觉重量。例如：深颜色的家具看起来比浅颜色的家具更重，粗犷大型图案的家具比柔和小巧图案的家具显得重，厚重的质地比平滑的质地显得更结实，透明的家具比不透明的看起来要更轻。玻璃台看起来比木头桌子要轻，带腿的家具比直接竖立在地板上的家具要显得更轻。

在创造一个均衡的空间环境时，家具看起来的重量或质量，比实际的尺寸或比例更重要。某家具可以和其他家具互相搭配以达到均衡的效果，比如两把看起来比例相同的椅子交叉摆放可以达到视觉上的均衡。家具还可以用来平衡建筑设计的某些要素，例如，在壁炉的对面可以放沙发以达到均衡的效果。几种家具组合摆放可以达到均衡的效果，例如一把大圈椅可能和小的椅子不搭配，但是如果在小椅子旁边放上一张桌子和台灯，这3件家具一起就可能和那件大的椅子搭配了。组合家具可以用来制造出对称或不对称的效果，例如壁炉前面一对相同的沙发面对面摆放，可以产生对称的效果，如果把其中的一只沙发换成一对椅子，那么效果就不对称了，但是还是很平衡。

（五）家具布局

家具布局需注意突出重点，根据室内功能区域确定焦点家具，并以此为中心营造空间氛围。但不要制造太多的焦点，造成空间视线混乱，没有主次之分。

第二节　室内软装布艺

古时候，布艺指传统的手工布艺，也被称作"女红"。古代女子将自己的情感倾注于缝纫刺绣之中，细腻纤修，简洁淡雅，翩翩蝶舞，并蒂莲花，表达姑娘心中的秘密，针针线线都浸染情愫。随着时代发展，生产力的提高，原始的手工纺织也渐渐演变形成了现代的布艺。

布艺设计是室内空间软装设计过程中非常重要的一个部分，往往会根据业主的品位及室内空间的整体风格进行定制设计。而追求个性化的定制设计也已经成为一种流行的时尚。布艺设计在空间整体具有独特魅力，赋予家不同的味道，或典雅、或浪漫、或清新、或奢华。布艺无法用简单的风格种类来概括，不同的色彩搭配、材质肌理、元素图案所造就的软装搭配会产生不同的感觉。

一、布艺基础知识

（一）布艺的主要分类

布艺即以布为主要原料，经过艺术加工，表现一定的艺术效果。传统布艺与现代布艺没有严格的界限区分，运用得当也可相互自然融入。

1. 纺织面料和非纺织面料

面料主要分为纺织面料和非纺织面料。纺织面料包括各种机织物、针织物、编织物、人造毛皮、人造皮革等。非纺织面料包括各种毛皮、皮革、非织造布及塑料薄膜等。

2. 天然面料和非天然面料

从另一个维度来看，布料分为天然面料和非天然面料。天然面料包括植物纤维（如棉花、麻、果实纤维）、动物纤维（如羊毛、兔毛、蚕丝）、矿物纤维（如石棉）。非天然面料包括再生纤维（如黏胶、醋酯、天丝、莫代尔、莱塞尔、竹纤维）、合成纤维（如锦纶、涤纶、腈纶、维纶、氨纶）、无机纤维（如玻璃纤维、金属纤维）。

（二）布料

布艺用于居室环境中，是整体、和谐环境中的突出点，必须考虑与房间环境的协调性及房间功能的特殊性，要注意空间环境局部装饰与整体风格的统一。

选用不同的面料，会产生不同的效果：棉麻布粗犷热烈，印花布朴素自然，绸缎富贵华丽，丝绒典雅庄重。质地粗糙的让人感觉温暖，质地光滑的让人感觉清凉。质地不同，视觉效果不同，创造的气氛各异。面料的种类五花八门，只有熟知面料的特点，才能更好地应用。下面对部分面料简单地介绍一下。

1. 棉

棉纤维是由受精胚珠的表皮细胞经伸长、加厚而成的种子纤维，不同于一般的韧皮纤维。它的主要组成物质是纤维素，棉纤维具有许多优良经济性状，成为最主要的纺织工业原料。

棉纤维的特性：其含水率为 8%~10%，所以它接触人的皮肤会使人感到柔软舒适而不僵硬。棉纤维本身具有多孔性、弹性高等优点，纤维之间能积存大量空气，具有良好的保湿性。纯棉织品耐热性能良好，在 110℃ 以下时，只会引起织物上水分蒸发，不会损伤纤维，所以纯棉织物在常温下，洗涤印染等对织品都无影响，纯棉织品耐洗耐用。棉纤维对碱的抵抗能力较强，在碱溶液中，纤维不发生破坏现象。棉纤维是天然纤维，其主要成分是纤维素，还有少量的蜡状物质和果胶质。纯棉织物与肌肤接触无任何刺激，无副作用，对人体有益无害。

棉纤维的保养：棉织物易掉浮色（浮色不影响织物本身的颜色），洗涤时深色产品要与浅色产品分开洗，防止串染影响织物外观。不宜在洗涤液中浸泡过久，浸泡时间最好不超过 30 分钟，以免褪色，且不能用漂白水。纯棉产品建议用轻柔机洗，对于提花织品，不可用硬刷子猛力洗刷，防止断纱起毛。晾晒时间不可过长，不能暴晒，防止颜色受到破坏。

2. 棉麻

棉麻是指以棉和麻为原材料的纺织品。棉和麻都是温带的植物生长出来的，分别由棉花和蓖麻的种子部分采下来，经过晒干，机器脱粒，分解出种子和棉麻部分，经过机器压制，再经过纺织成为线和布匹，最后经过染制，成为成品的棉麻织物。

棉麻的特性：环保、透气，手感柔软，能吸附空气中的尘埃。因为是一次染织，不存在掉色、染色等问题，是化纤类织物无法达到的效果。但缺乏弹性，易皱，易缩水。

棉麻的保养：棉麻布料清洗起来较容易，可以直接放入洗衣机中清洗。除了使用洗衣粉、洗衣液之外，最好加入少许衣物柔顺剂，可以使棉麻布料洗后更加柔顺。

3. 蚕丝

蚕丝是熟蚕结茧时所分泌的丝液凝固而成的连续长纤维，也称天然丝，是一种天然纤维。蚕有桑蚕、柞蚕、蓖麻蚕、木薯蚕、柳蚕和天蚕等。其中用量最大的是桑蚕丝，其次是柞蚕丝。蚕丝质轻而细长，织物光泽好，穿着舒适，手感滑爽丰满，吸湿透气，用于织制各种绸缎和针织品，并用于工业、国防和医药等领域。

蚕丝的特性：它是一种天然蛋白质纤维，是自然界中最轻、最柔、最细的天然纤维。富含人体所需的 18 种氨基酸，其蛋白质和人体皮肤的化学成分组成相近，与皮肤接触时柔软舒适。具有一定的保健作用，它能够促进人体皮肤细胞活力，防止血管硬化。

其结构中的丝素成分对人体皮肤有滋润、美容、防止衰老的功效，并对皮肤病有特殊的辅助治疗效果。对关节炎、肩周炎、哮喘病患者有一定的保健作用。同时，蚕丝产品因轻、柔、软、不吸尘，特别适宜老人、儿童使用。蚕丝被有良好的御寒力和恒温性，盖起来舒适性高且不易踢被子。

蚕丝的保养：可水洗的蚕丝织品洗涤时须选用中性或弱酸性洗涤剂，在洗衣机里轻柔（开丝绸、羊毛功能键）洗涤。丝织品不能暴晒，应当在阴凉干燥处通风晾干。蚕丝被在储存时，建议用深色布袋或防潮袋覆盖以防变黄，不能用樟脑球防腐防虫，不能重压。

4. 天丝

天丝，是以针叶树为主的木浆、水和溶剂氧化铵混合，加热至完全溶解（在溶解过程中不会产生任何衍生物和化学作用），经除杂而直接纺丝，其分子结构是简单的碳水化合物。

天丝的特性：天丝面料手感柔软，有真丝般的柔软触感和悬垂性。天丝的恒温性、吸湿性要比棉织物好。在使用过程中，舒适度要明显优于一般面料，在一定程度上能避免闷热、潮湿的现象。天丝的触感比较凉爽，其升温速度、贴身性、保温性都要远优于纯棉面料。天丝纤维舒适透气，防螨抗静电，同时又具有耐用性强、弹性好、不易起皱、便于打理洗涤等优点。

天丝的保养：洗涤时洗衣机调至弱循环档进行洗涤，时间不宜过久，水温适中。洗涤时应与染色衣物分开，防止被染，选用中性的洗涤剂及柔软剂。注意勿暴晒，通风挂晾，可使用适当清香剂。

5. 竹纤维

竹纤维系列产品以天然竹子为原料，用竹子中提取出的竹纤维素，采用蒸煮等物理方法加工制作而成。不含任何化学添加剂，是一种真正意义上的环保纤维。

竹纤维的特性：100% 纯天然材质，自然生物降解的生态纺织纤维。无添加、无重金属、无有害化学物的天然"三无"产品。透气性强，吸湿排湿，被誉为会"呼吸"的纤维。柔软纤维组织，天然美容丝般感受。吸收和减少辐射，有效防止紫外线。适用于各种肌肤，婴儿肌肤也能细心呵护。

竹纤维的保养：常温洗涤（40℃以下水温），不能用高温浸泡。不宜与化纤织物同机洗涤。建议选用中性洗衣液清洗，用碱性洗涤剂用力搓洗则容易破坏它的织物结构。如果要用洗衣机则需选用轻柔模式，最好手洗。洗后放在通风避光处晾干即可，不能在日光下暴晒。低温熨烫，不可用力拧扯，竹纤维吸水后的韧度会减弱到吸水前的 60% ~70%，切忌用力拉扯减少使用寿命。

6. 莫代尔

Modal 纤维是一种纤维素纤维,该纤维采用欧洲的榉树为原材料,先将其制成木浆,再通过专门的纺丝工艺加工成纤维,整个生产过程中没有任何污染。该产品原料全部为百分之百天然材料,对人体无害,并能够自然分解。

莫代尔的特性:手感柔软,悬垂性好,穿着舒适,具有天然的抗皱性和免烫性。吸湿性能、透气性能优于纯棉织物,有利于人体生理循环和健康。Modal 纤维面料布面平整、细腻、光滑,具有天然真丝的效果。染色性优于纯棉产品,色泽艳丽、光亮,是一种天然的丝光面料。Modal 纤维面料性能稳定,经测试比较,棉织物经过 25 次洗涤后,手感将越来越硬,而 Modal 纤维面料恰恰相反,莫代尔织物经过多次水洗后,依然保持原有的光滑及柔顺手感,而且越洗越柔软,越洗越亮丽。

莫代尔的保养:用时要尽量减少摩擦、拉扯,经常换洗。洗净、晾干、熨烫后,应叠放平整。莫代尔吸湿性很强,收藏中应防止高温、高湿和不洁环境引起的霉变现象。熨烫时要求中温熨烫,少用推拉熨烫,使其自然伸展。

7. 绒布

绒布指经过拉绒后,表面呈现丰润绒毛状的棉织物。通过在布的表面做的针孔扎绒工艺,产生较多绒毛,立体感强,光泽度高,摸起来柔软厚实。

绒布的特性:绒布质地细腻,豪华艳丽,立体感强,颜色鲜艳,手感柔和,形象逼真。绒布无毒无味,保温防潮,不脱绒,耐摩擦,平整无隙。

绒布的保养:绒布吸尘力较强,换下后应用手将布料抖一抖,令附着在布料上的灰尘自然落掉再放入含有清洁剂的水中浸泡 15 分钟左右。绒布窗帘最好不要用洗衣机清洗,可用手轻压滤水。洗净之后不要用力拧,使水自动滴干蒸发即可。

8. 涤纶

涤纶是合成纤维中的一个重要品种,俗称"的确良"。涤纶具有极优良的定型性能,用途很广。涤纶纱线或织物经过定型后生成平挺的蓬松形态或褶裥等,在使用中经多次洗涤,仍能经久不变。

涤纶的特性:花型花样丰富,染色性较差,但色牢度好,不易褪色,具有良好的隔热、防晒功效,并且经济实惠,易洗涤且耐用。相对于棉麻布料,柔软性略差。

涤纶的保养:洗涤时,常温水或者温水浸泡 30 分钟左右,可以使用普通的洗衣粉、洗涤剂或者肥皂,再轻轻揉搓,最好不要甩干,不能用力拧干,轻轻压掉泡沫,再在清水中漂洗。

9. 绸缎

绸是一种薄而软的丝织品。缎是一种质地厚密而有光泽的丝织物。绸与缎泛指丝织品,古时多是有钱人家作为衣物,其颜色亮丽,五彩缤纷。丝绸不仅是高贵的面料,而且是艺术品。

绸缎的特性：绸缎系天然蚕丝所制成，绸面光滑亮丽，手感细腻、有飘逸感，透气性强不感闷热。落水晾干后，长度要缩水，缩水率达 8%~10%。

绸缎的保养：洗涤绸缎时，要用酸性洗涤剂或弱碱性洗涤剂，最好用丝绸专用洗涤剂；最好手洗，切忌用力拧搓或用硬刷刷洗，应轻揉后用清水洗净，用手或毛巾轻轻挤出水分，在背阴处晾干。收藏时，应洗净、晾干、叠放为宜，并用布包好，放在柜中，且不宜放樟脑或卫生球等。

10. 纱

通常是透明或者是半透明的纱。纱的织造组织也多样化，有平纹、斜纹、大提花，色彩五颜六色。

纱的特性：采用的大多是涤纶纤维面料，环保无毒无害。质地柔软，具有若隐若现的朦胧美感。

纱的保养：先用清水浸湿，再用加入苏打的温水洗涤（半桶水兑 10 克苏打），然后用温的洗衣粉水或肥皂水洗两次。洗时要轻轻地揉，最后用清水漂洗。晾时应放在干净的桌子上，用干燥的单子盖好，使其阴干，或者放在框架上晾干。晾时需将其拉抻好，用图钉定位，最后用熨斗熨平。

11. 蕾丝

蕾丝是一种舶来品，网眼组织，最早由钩针手工编织。蕾丝的制作是一个很复杂的过程，它是按照一定的图案用丝线或纱线编结而成，不像中国的一些传统的花边是钩制或刺绣的。制作时需要把丝线绕在一只只的小梭上面，每只梭只有拇指大小。一个不太复杂的图案需要几十只或近百只这样的小梭，再大一些的图案则需要几百只小梭。制作时把图案放在下面，根据图案采用不同的编、结、绕等手法来制作。

蕾丝的特性：蕾丝使用锦纶、涤纶、棉、人造丝作为主要原料。如辅以氨纶或弹力丝，则可获得弹性。常见的有以下四种：

棉纶（或涤纶）+ 氨纶：常见的弹力蕾丝。

锦纶 + 涤纶 +（氨纶）：可以制成双色蕾丝，通过锦纶和涤纶上染的颜色不同制作而成。

全涤纶（或全锦纶）：其又可以分成单丝和长丝，单丝类多用于婚纱类；长丝类可以仿造出棉的效果。

锦纶（涤纶）+ 棉：可以做成花底异色效果。

蕾丝的保养：蕾丝尽量不要放入洗衣机清洗，上等的蕾丝需要手洗或拿到专业的干洗店处理。清洗蕾丝的时候要使用质地温和的肥皂或专门清洗娇贵纺织品的清洁剂。清洗之前，先将毛巾铺在水池里，洗后再用毛巾将蕾丝捞起，这样做可以防止蕾丝意外拉断。将湿蕾丝包裹在毛巾里吸走水分，再把它们平铺在网面晾衣架上自然晾干。

二、织布工艺

织布工艺主要有梭织、针织和无纺三种。其中，梭织，即经纬纱相交织成的；针织分经编和纬编；无纺，即不是织出来的。

梭织物也称机织物，基本的织物纹路有平纹、斜纹和缎纹三种。不同的面料由这三种基本形式组合而成，主要有雪纺、牛津布、牛仔布、斜纹布、法兰绒等。

针织物是用织针将纱线或长丝勾成线圈，再把线圈相互串套而成。由于针织物为线圈结构，因此弹性较好，面料也有单双面之分，主要有汗布、天鹅绒、网眼布等。

三、制作工艺

布艺面料可根据制作工艺大致分为染色布、色织布、提花布这几大类。

（一）染色布

最初，染色是以蓝草为染料，古时候的布匹染色，分为扎染、蜡染、蓝印，被称为三大传统染色技艺。

扎染也叫扎缬、绞缬、夹缬和染缬，是民间传统的染色技艺。用绳子、丝线、木板等对布匹进行扎、缝、缀、夹，再进行染色，因此得名。

蜡染也称蜡缬，少数民族的染织技艺，先用蜡刀蘸熔蜡绘制于白布之上，再用蓝靛浸染去蜡，布面会呈现出蓝地白花，或白地蓝花，并有自然龟裂的特殊冰纹。

蓝印染色是传统的镂空版印花，有 1300 年的历史。蓝印花布用石灰、豆粉合成灰浆烤蓝，用全棉，纯手工纺织、刻板、刮浆等印染而成。

现代染色分为两类：针织物染色与梭织物染色。有别于传统手工，利用机械化生产将胚布漂洗去除天然纤维杂质，烧毛、退浆后进行高温高压一次或多次上色，再进行后整理、预缩定型等工序。

（二）色织布

色织布根据图案需要，先把纱线分类染色，再经交织而构成色彩图案，色织布立体感强，纹路鲜明，且不易褪色。

（三）提花布

提花布是经纱和纬纱相互交织形成凹凸有致的图案。提花布最大的优点是纯色自然，线条流畅，风格独特，简单中透出高贵的气质，能很好地搭配各式家具，这一点非印花布所能媲美，而且提花面料与绣花和花边结合，更能增添面料的美观性，设计出来的产品大气、奢华，一般可用于高中档窗帘、沙发布料。

四、布艺经典纹样

纹样古称纹缋，最初是记录生活，表达情感的一种方式。从新石器时代算起已有七八千年历史，以后逐渐发展演变，汇集了无数的能工巧匠精魄，内容范围广泛，构成变化多样，体现了各个民族的智慧。纹样伴随着人类生产活动而产生，在人类社会初期就已经出现，是人类生活中原始本能的再现，用装饰来表现对生活的追求。纹样的风格各异、变化多样，具有强烈的时代感、地域感和民族感。

（一）卷草纹

卷草纹，也叫卷枝纹，是中国古代传统纹样的典型代表，具有佛教美术特点。所谓卷草即在连绵不断的波浪上装填花卉、枝叶而形成，是抽象描绘植物形态的连续纹样。其结构形态优美婉转，流畅圆润。

（二）缠枝纹

缠枝纹最初被应用于瓷器中，起源于汉，盛行于明，现广泛应用于布艺、瓷器、绘画等方面，它是藤蔓型卷草纹的延续和深化。使用植物枝茎形成蔓状，以波浪形、回转形、涡旋形扭曲缠绕，配有叶片、花朵、果实。常见的有缠枝莲、缠枝菊、缠枝牡丹、缠枝葡萄、缠枝石榴、缠枝百合，以及"人物鸟兽缠枝纹"等。

（三）团花纹

最早可追溯到魏晋南北朝时期，但也有人称出现在隋唐时期，其形成也可能受到了西域艺术的一些影响。例如，唐代很多图案中就有波斯文化的要素。所谓的"联珠团花"便是这方面的例子，主要是指以各种植物、动物或吉祥文字等组合而成的圆形图案，以圆形为基本构图的吉祥图案有花好月圆之意。

（四）佩兹利纹

佩兹利纹样是世界上最被认可的纹样之一。佩兹利纹样可以追溯到两千多年前，最早起源于印度，由克什米尔人使用，但名字却来自苏格兰南部的一个小镇。其原型为生长在东南亚和印度的藤本植物，花边的泪滴的图案，外形酷似一个大逗号，寓意吉祥美好，绵延不断。佩兹利纹除经典的形态和题材限制之外，格律、色彩、表现方式不受任何约束，后因其华美、精致、绚烂的图案被全世界广泛喜爱。其具有细腻、繁复、华美的艺术特征，历经岁月的洗礼而经久不衰。

（五）友禅纹

友禅纹是日本的传统纹样，日本扇绘师宫崎友禅斋创造并得名，由日本特有染色技法友禅染得来。以糯米制成的防染糊料进行描绘染色，结合运用多种工艺而成，如印染、手描、刺绣、扎染、蜡染、揿金。友禅纹多使用樱花、竹叶、兰草、红叶、牡丹、扇面、龟甲、清海波、雷纹等。

（六）东南亚蜡防纹

蜡防纹源于印度尼西亚和马来西亚，是蜡液防染的南亚国家传统染织面料纹样，以爪哇地区为代表，亦称爪哇印花布，现已发展成具有审美价值的装饰品。用小型黄铜工具蘸蜡液在布上勾勒细腻的图形，再予以染色、脱蜡，曾用作宫中御用布，多以动植物纹构成，如神蛇纹、蝴蝶纹、飞禽纹、花束纹、鱼鳞纹、谷粒纹、蛛网纹等。图案紧密细致，色彩对比丰富，呈现的植物繁茂华美、动物灵动多姿，具有很强的民族特色。

（七）大马士革纹

大马士革纹是欧洲经典纹样，源于大马士革钢刀的花纹，大马士革钢刀所用的乌兹钢锭在铸造时会产生特殊的花纹，属于花钢纹中铸造型花纹钢，区别于折叠锻打形成焊接型花纹钢与淬火型花纹钢。大马士革钢刀的花纹象征着锋利与珍贵，因为其高贵和优雅风靡欧洲各地的宫廷、皇室、教会等上层阶级。后来大马士革纹成为欧洲装饰的经典图案，广泛应用于服装、布艺、建筑、绘画等领域。大马士革纹给人天鹅舞曲般优雅、皇家宫廷般高贵的感觉。

（八）朱伊纹

朱伊纹源于18世纪晚期，在原色面布上进行铜版或木板印染，圆形、椭圆形、菱形、多边形构成各自区域性的中心，配有人物、动物、神话等元素。图案层次分明，单色相的明度变化印制在本色棉、麻布上，古朴而浪漫，被广泛运用在欧式风格中的床品、沙发、抱枕中，以及一些装饰容器、摆饰的表面。

五、布艺设计基本原则

当代社会人们对生活环境的要求、空间气氛的品位与日俱增，不仅要享受舒适生活环境，而且要品味文化艺术氛围，设计也越来越重视细节部分。不同元素的融入、新材料的结合、新颖的表现形式、独特的艺术手段，使布艺设计迈上了一个新的台阶。软装饰艺术中布艺以其独特的属性，在装修装饰中得到了广泛应用。布艺种类繁多，设计中要遵守多种原则，恰到好处的设计能够为空间点睛增色，而胡乱地堆砌只会适得其反。室内布艺设计选择上，要把控室内空间色彩基调，奢华、自然、温暖、典雅，在众多感情基调中来营造与之相适应的效果气氛。

（一）色调设计

空间基调由硬装风格及家具款式确定。家具的色调决定整体空间的色调。空间中布艺依附于家具，所以布艺的色调要参照空间基调。

（二）尺寸控制

帷幔、壁挂、窗帘等布艺装饰面积大小、尺幅长短等，都要与室内空间的悬挂立面尺寸相匹配。较大的窗，应以宽过窗洞的长度或接近落地的窗帘来进行装饰。大空间使用大型图案的布饰，小空间使用细小图案的布饰，保证空间内的平衡。

（三）材质选择

面料材质上尽可能选择相同或相近元素，避免材质方面的杂乱。同时，在部分地方采用与使用功能统一的材质进行过渡协调也非常重要。材质选择要以人为本，客厅选用华贵优雅的材质，卧室选用舒适柔和的材质，厨房选用抗污易洗的材质。布艺质感的表现也尤为重要，顾及与人体接触时的触感，这也体现设计的本质应当是以人为本。

六、布艺的分类及应用

布艺材质柔软，可塑性强，在软装设计中能够起到柔化室内整体空间效果，调和室内颜色，让整个空间达到和谐、雅致。布艺在室内装饰中的面积可达到30%~60%，对整体环境气氛的营造起着重要的作用，并能够更好地衬托空间主题元素。布艺是营造室内空间色彩的决定性配饰元素，可以改变整体空间的色彩气氛。

（一）家具布艺

布质家具具有一种柔和的质感，且具有可清洗、可更换的特点，无论居家装饰、清洁维护都十分方便并富有变化性，因此深受人们的喜爱。在进行整体软装设计时，家居布艺一定是重中之重，因为它决定着整体风格和格调。

布质家具由于布花的多变，搭配不同的造型，风格便趋于多元化。但大多数布质家具所呈现的风格仍以温馨舒适为主，以与布质本身的触感相应。美式或欧式乡村家具，常运用碎花或格布纹布料，以营造自然、温馨气息，与其他原木家具搭配，更能出色地表达自然、温馨的气息。西班牙古典风格也常以织锦，色彩华丽或夹着金葱的缎织品为主，以展现贵族般的华贵气质；意大利风格运用布品时，仍不脱离其简洁大方的设计原则，常以极鲜明的单色布料来彰显家具本身的个性。东方风格家具很少将布艺直接与家具结合，而是采用靠垫、坐垫等进行装饰。

（二）窗帘布艺

窗帘是由帘体、辅料、配件三大部分组成的。配件包括钩子、绑带等。辅料包括布带、铅线、铅块、花边、流苏、配布等。帘体包括帘头、布帘和纱帘。一般情况下，帘头与布帘用统一颜色制作，款式多样，如平铺、打褶、水波等。

1.窗帘基本类型

（1）开合帘（平开帘）。可沿着轨道的轨迹或杆子做平行移动的窗帘。

欧式豪华型：上面有窗幔，窗帘的边饰有裙边，花型以色彩浓郁的大花为主，华贵富丽。

罗马杆式：窗帘的轨道采用各种造型或材质的罗马杆，分为有窗幔和无窗幔两种。

简约式：这类窗帘突出了面料的质感和悬垂性，不添加任何辅助的装饰手段，以素色、条格形或色彩比较淡雅的小花草为素材，显得比较时尚和大气。

（2）罗马帘（升降帘）。可在绳索的牵引下做上下移动的窗帘。

（3）卷帘。可随着卷管的卷动做上下移动的窗帘。

（4）百叶帘。可以做 180° 调节，并可以做上下或左右移动的硬质窗帘。

（5）遮阳帘（天棚帘及户外遮阳帘）。

2.窗帘按照材质分类

窗帘按照材质可以分为纯棉窗帘、麻布窗帘、涤纶窗帘、混纺窗帘。

（1）纯棉窗帘：纯棉织物制造的窗帘，具有吸湿性、耐热性、卫生性等特点。

（2）麻布窗帘：以麻布制作的窗帘，它的优点是强度极高，吸湿、导热、透气性甚佳。

（3）涤纶窗帘：涤纶织物制造的窗帘，具有强度高、弹性好、耐热耐磨等优点。

（4）混纺窗帘：混纺织物制造的窗帘，具有挺拔、不易皱褶、易洗、快干的特点。

3.窗帘按照工艺分类

窗帘按照工艺可分为色织面料、印花面料、提花面料、染色面料、剪花面料、烂花（烧花）面料、植绒面料、绣花面料、烫金（银）、雕印、手绘面料、压绉、经编等。

（1）色织面料：根据图案需要，先把纱线分类染色，再经交织而构成色彩图案成为色织布，特点是色牢度强，色织纹路鲜明，立体感强。

（2）印花布：将图案及色彩直接通过转移或是圆网工艺印到素胚布上，其特点是色彩艳丽，图案丰富并且细腻，工艺比较简单。

（3）染色布：在素胚上染上单一色彩，其特点是自然，色彩丰富可以自由调色。

（4）提花布：布面上花型有凹凸感，是经过经纬线交织而成，其立体感强，使面料更加美观。

（5）剪花布、烂花布、植绒布：三者均是在基础面料（如色织面料、印花面料、提花面料、染色面料）工艺上进行处理，也可以是不同工艺的结合来展示不同的面料的感觉。

（6）烂花（烧花）面料：将混纺面料中的成分，通过其对耐酸碱的程度不同，将面料通过酸碱腐蚀，达到一定程度的半透明度来展示出花型而成，这类面料花型突出，轻薄透明，轮廓清晰，手感细腻。

（7）植绒面料：将毛绒纤维按照一定的图案黏贴在面料上，这样立体的面料感强，比较美观，由于绒这类面料吸音性、吸潮性较好，所以广泛用于现代家庭当中。

（8）绣花面料：在已经加工好的织物上进行穿刺，将绣线组织成各种图案和色彩绣于面料上，通常有平绣、绳绣、珠片绣、贴布绣。

（9）烫金（银）：经过高温处理将金银纸膜烫在面料表面，增加其奢华感，与雕印工艺不同的是，雕印的工艺更复杂，不会脱落。

（10）手绘面料：将一些环保涂料用手工绘制到面料上，图案精致生动优雅，极具观赏价值。

（11）压绉：将面料通过高温或是物理工艺将其表面压出一些规则或是不规则的肌理。其面料幅宽一般比正常面料窄。

（12）经编：多根经纱线沿着面料编织顺序成圈编织而成。

4.窗帘按照风格分类

窗帘按照风格，可分为如下几种：

（1）巴洛克风格窗帘：大方庄重，色彩浓郁，与室内的陈设互相呼应，纯色丝光窗帘与白墙面和金色雕花是最佳搭档。

（2）洛可可风格窗帘：洛可可风格窗帘体现柔美感觉，幔帘设计丰富，有变化，多采用明快柔和却豪华富丽的色彩。

（3）简欧风格窗帘：简欧风格窗帘可能是目前最受欢迎的设计风格，摒弃古典欧式窗帘的繁复构造，甚至没有幔帘装饰，而采用罗马杆支撑，多层次布帘设计还是保留了欧式风格的华贵质感。

（4）中式风格窗帘：中式风格窗帘可以选一些丝质材料制作，讲究对称和方圆原则，采用拼接和特殊剪裁方法制作出富有浓郁唐风的帘头，可以很好地诠释中式风格。在款式上采用布百叶的窗帘设计是对中式风格的最佳诠释，落地窗帘则以纯色布料的简单褶皱设计为主。

（5）田园风格窗帘：美式田园、英式田园、韩式田园、法式田园、中式田园均拥有共同的窗帘特点，即由自然色和图案布料构成窗帘的主体，而款式以简约为主。

（6）东南亚风格窗帘：一般以自然色调为主，以完全饱和的酒红、墨绿、土褐色等最为常见。设计造型多反映民族的信仰，棉麻材质为主的窗帘款式多粗犷自然。东南亚风格窗帘多热情奔放，所选多为自然材质，有极为舒适的手感和良好的透气性。

（7）现代风格窗帘：线条造型简洁，而且往往运用许多新颖的材料，色彩方面以纯粹的黑白灰和原色为主，或者采用各种抽象的艺术图案为题材。

（三）床品布艺

床是卧室布置的主角，床上布艺在卧室的氛围营造方面具有不可替代的作用。床品除了具有营造各种装饰风格的作用外，还具有适应季节变换、调节心情的作用，比如，夏天选择清新淡雅的冷色调布艺，可以达到心理降温的作用；而冬天就可以采用热情张扬的暖色调布艺，达到视觉的温暖感；春秋则可以用色彩丰富一些的床上用品营造浪漫气息。床品的花色和色彩要遵从窗帘和地毯的系统，最好不要独立存在，哪怕是希望设计成撞色风格，色彩也要有一定的呼应。

1. 欧式风格床品

欧式风格的床品多采用大马士革、佩斯利图案，风格大方、稳重，做工精致。这种风格的床品色彩与窗帘和墙面色彩应高度统一或互补。而欧式风格中的意大利风格床品则采用非常纯粹色彩的艺术化的图案。

2. 中式风格床品

中式风格床品多选择丝绸材料制作，中式团纹和回纹都是这个风格最合适的元素，有时候会以中国画作为床品的设计图案，尤其在结婚时用的大红床组更是对中式风格最明显的表达。

3. 田园风格床品

田园风格床品同窗帘一样，都由自然色和自然元素图案布料制作而成，而款式则以简约为主，尽量不要有过多的装饰。

4. 东南亚风格床品

东南亚风格的床品色彩丰富，可以总结为艳、魅，多采用民族的工艺织锦方式，整体感觉华丽热烈，但不落庸俗之列。

5. 地中海风格床品

地中海周边的国家由于长久的民族交融，床品风格变得飘忽不定，全世界的所有风格在这个区域都可以找到，清爽利落的色彩是这个区域共同秉承的布艺原则。

6. 现代风格床品

现代风格床品造型简洁，色彩方面以简洁、纯粹的黑、白、灰和原色为主，不再过多地强调传统欧式或者中式床品的复杂工艺和图案设计。

（四）地毯布艺

如今室内装饰中地毯的软装效果越来越被重视，并且已经成为一种新的时尚潮流。地毯除了具有很重要的装饰价值以外，还具有美学欣赏价值和独特的收藏价值，如一块弥足珍贵的波斯手工地毯就足可传世。

1.地毯在家居环境中的功用

地毯以强烈的色彩、柔和的质感，给人带来宁静、舒适的优质生活感受，价值已经大大超越了本身具有的地面铺材作用，地毯不仅可以让人们在冬天赤足席地而坐，还能有效地规划界面空间，有的地毯甚至还成为凳子、桌子及墙头、廊下的装饰物。除此以外，地毯还具有其他重要功能，主要如下：

（1）地毯通过表面绒毛捕捉和吸附飘浮在空气中的尘埃颗粒，能有效改善室内空气质量。

（2）地毯拥有紧密透气的结构，可以吸收各种杂声，并能及时隔绝声波，达到隔音效果。

（3）地毯是一种软性材料，尤其适合有儿童、老人的家庭。

（4）如今的地毯图案、色彩、样式越来越丰富和多样化，能帮助设计师完成对风格的诠释。

2.地毯的种类

（1）地毯按材质可分为纯羊毛地毯、真皮地毯、化纤地毯、藤麻地毯、塑料橡胶地毯等。

纯羊毛地毯：高级羊毛地毯均采用天然纤维手工织造而成，具有不带静电、不易吸尘土的优点，由于毛质细密，受压后能很快恢复原状。纯羊毛地毯图案精美，色泽典雅。

真皮地毯：一般指皮毛一体的真皮地毯，如牛皮、马皮、羊皮等，使用真皮地毯能让空间具有奢华感，能为客厅增添浪漫色彩。真皮地毯价格高，具有收藏价值，尤其地毯上刻制有图案的刻绒地毯更能保值。

化纤地毯：化纤地毯分为尼龙、丙纶、涤纶和腈纶四种。其中，尼龙地毯的图案、花色类似纯毛，由于耐磨性强、不易腐蚀、不易霉变的特点最受市场欢迎，但缺点是阻燃性、抗静电性差。

藤麻地毯：藤麻地毯是乡村风格最好的烘托元素，是一种具有质朴感和清凉感的材质，用来呼应曲线优美的家具、布艺沙发或者藤制茶几，效果都很不错，尤其适合乡村、东南亚、地中海等亲近自然的风格。

塑料橡胶地毯：塑料橡胶地毯也是极为常见和常用的一种，它具有防水、防滑、易清理的特点，通常置于商场、宾馆、住房大门口及卫浴间。

（2）地毯按表面纤维状分为圈绒地毯、割绒地毯，以及圈割绒集合地毯三种。

圈绒地毯：将纱线簇植于主底布上，形成一种不规则的表面效果，称为圈绒地毯，由于簇杆紧密，耐磨性极好，适合频繁踩踏之处使用。

割绒地毯：割绒地毯是把圈绒地毯的圈割开而制成的地毯类型，这种地毯外表平整，绒感相对较好。同时也将外观与使用性能很好地融于一体，但在耐磨性方面则不如圈绒地毯。

圈割绒地毯：圈割绒地毯是割绒与圈绒的结合体，绒头纱线因高低不同组合而产生丰富的外观效果，具有脚感好、弹性和回弹性良好的特点。

（3）地毯按编织工艺可分为手工地毯和机织地毯。

手工地毯：选用上等羊毛采用人工编织，织毯工要在地毯的每一根经线上绕两圈打一个结，因而织出的地毯精致而结实，手工地毯中的波斯地毯更是值得收藏的殿堂级工艺品。

机织地毯有编织地毯和簇绒地毯两种，编织地毯是将手工地毯工艺机械化的一种生产类型，这种地毯结构更为牢固，花色图案也更为丰富。簇绒地毯是在化学纤维织物底布上用排针机械栽绒，形成圈绒或割绒毯面的机织地毯，图案丰满，富有弹性。

3.家居环境的地毯选用

在选择地毯时，必须从室内装饰的整体效果入手，注意从环境氛围、装饰格调、色彩效果、家具样式、墙面材质、灯具款式等多方面考量，从地毯工艺、材质、造型、色彩图案等诸多方面着重考虑。

首先，需要注意的是地毯铺设的空间位置，要考虑地毯的功能性和脚感的舒适度，以及防静电、耐磨、防燃、防污等方面因素，购买地毯时应注意室内空间的功能性。

（1）在客厅中间铺一块地毯，可拉近宾主之间的距离，增添富贵、高雅的气氛。

（2）在餐桌下铺一块地毯，可强化用餐区域与客厅的空间划分。

（3）在床前铺一块长条形地毯，有拉伸空间的效果，并可方便主人上下床。

（4）在儿童房铺一长方形地毯，可方便孩子玩耍，一家人尽享天伦之乐。

（5）在书房桌椅下铺一块地毯，可平添书香气息。

（6）在厨卫间则主要是为了防滑。

其次，图案色彩需要根据居室的室内风格确定，基本上应延续窗帘的色彩和元素，另外还应考虑主人的个人喜好和当地风俗习惯。地毯根据风格可以分为现代风格、东方风格、欧洲风格等几类。

现代风格地毯：多采用几何、花卉、风景等图案，具有较好的抽象效果和居住氛围，在深浅对比和色彩对比上与现代家具有机结合。

东方风格地毯：图案往往具有装饰性强、色彩优美、民族地域特色浓郁的特点，比如，梅兰竹菊、岁寒三友、五福图、平安吉祥等题材，配以云纹、回纹、蝙蝠纹等图案，这种地毯多与传统的中式明清家具相配。

欧洲风格地毯：多以大马士革纹、佩斯利纹、欧式卷叶、动物、建筑、风景等图案构成立体感强、线条流畅、节奏轻快、质地淳厚的画面，非常适合与西式家具相配套，能打造西式家庭独特的温馨意境和不凡效果。

最后，地毯的大小根据居室空间大小和装饰效果而定，比如，在客厅中，客厅面积越大，一般要求沙发的组合面积也就越大，所搭配的地毯尺寸也应该越大。地毯的尺寸要与户型、空间的大小、沙发的大小和餐台的大小相匹配。

（1）玄关地毯以门宽为大小控制底线。

（2）客厅地毯的长宽可以根据沙发组合后的长宽作为参考，一般以"地毯长度 = 最长沙发的长度 + 茶几长度的一半"为佳，而面积在 20 m² 以上的客厅，地毯就最好不小于 1.6m×2.3m。

（3）餐桌下的地毯不要小于餐桌的投影面积，以能正常放置餐椅为最佳。

（4）可在卧房的床前、床边压放较大的方毯，长度以床宽加床头柜一半长度为佳。

（五）应用

居室内的布艺种类繁多，搭配时一定要遵循一定的原则，恰到好处的布艺装饰能为家居增添色彩，胡乱堆砌则会适得其反。布艺设计时空间的色彩基调要明确，尺寸大小要准确，布艺面料要对比，风格元素要呼应。

首先，一个空间的基调是由家具确定的，家具色调决定着整个居室的色调，空间中的所有布艺都要以家具为最基本的参照标杆，执行的原则是：窗帘参照家具、地毯参照窗帘、床品参照地毯、小饰品参照床品。

其次，像窗帘、帷幔、壁挂等悬挂的布艺饰品的尺寸要合适，包括面积大小、长短等要与居室空间、悬挂立面的尺寸相匹配，如较大的窗户，应以宽出窗洞、长度接近地面或落地的窗帘来装饰；小空间内，要配以图案细小的布料，一般大空间选择用大型图案的布饰比较合适，这样才不会有失平衡。

再次，在面料材质的选择上，尽可能地选择相同或相近元素，避免材质的杂乱，当然采用与使用功能统一的材质也是非常重要的。比如，装饰客厅可以选择华丽优美的面料，装饰卧室就要选择流畅柔和的面料，装饰厨房可以选择结实易洗的面料。

从次，整体空间的布艺选材质地、图案也要注意与居室整体风格和使用功能相搭配，在视觉上首先达到平衡的同时给予触觉享受，给人留下一个好的整体印象。例如，地面布艺颜色一般稍深，台布和床罩应反映出与地面的大小和色彩的对比，元素尽量在地毯中选择，采用低于地面的色彩和明度的花纹来取得和谐是不错的方法。

最后，在居室的整体布置上，布艺的色彩、款式、意蕴等也要与其他装饰物相呼应协调，它的表现形式要与室内装饰格调统一。

第三节　室内软装灯饰

灯具不仅仅提供照明，更多是装饰效果种类繁多，造型各异，吊灯、射灯、壁灯、台灯、落地灯等。各种灯具的相互结合，多种照明形式的使用，包括人工光源与自然光源的配合，突出对不同材质的表现力，渲染不同空间环境的意境气氛，把空间环境点缀得优雅且具有艺术感，可以称其为空间气氛的渲染者。

一、光源的种类

（一）白炽灯

1879 年，美国著名发明家爱迪生制成了碳化纤维白炽灯。白炽灯的优势是价格便宜，通用性大，色彩品种多显色性好，使用与维修方便。白炽灯的劣势是光效低，使用寿命短，不耐震，灯丝易烧，电能消耗大。

（二）卤钨灯

卤钨灯是白炽灯的升级版。其设计原理是：在白炽灯中注入卤族元素或卤化物，为了保证卤钨循环的正常运行，在制造过程中需要大大缩小玻璃外壳的尺寸。卤钨灯体积小，发光效率高（达 1733 1m/W），色温稳定（可选取 2500~3500 K），光衰小（5%以下），寿命长（可达 3000~5000 小时），这些特点显示出它有取代普通白炽灯的趋势。卤钨灯的价格比白炽灯高。卤钨灯按用途划分为以下几种：

1. 照明卤钨灯：广泛用于商店、橱窗、展厅、家庭室内照明。

2. 汽车卤钨灯：常用于汽车的近光灯、转弯灯及刹车灯等。

3. 仪器卤钨灯：常用于投影仪或某些医疗仪器等光学仪器上。

4. 冷反射仪器卤钨灯：常用于轻便型电影机、彩色照片扩印等光学仪器上。

5. 红外、紫外辐照卤钨灯：红外辐照卤钨灯多用于加热设备和复印机上，紫外辐照卤钨灯则用于牙科固化粉的固化工艺上等。

6. 摄影卤钨灯：常用于新闻摄影照明、舞台照明及影视拍摄中。

（三）汞灯

汞灯是利用汞放电时，产生蒸汽后，获得可见光的一种气体放电光源，分为低压汞灯、高压汞灯及超高压汞灯。

1. 低压汞灯

低压汞灯就是指传统型的荧光灯。

2. 高压汞灯

高压汞灯是一种散发着柔和白光的电光源。其安装高度通常距地面 4~5 米。常用于广场、街道的照明设备中。

（四）荧光灯

1. 传统荧光灯

传统荧光灯就是低压汞灯，就是平时常说的"日光灯"，有标准型和紧凑型两种。

（1）标准型荧光灯：标准型荧光灯又称直管荧光灯，包括三基色荧光灯管、冷白日光色荧光灯管、暖白日光色荧光灯管。

（2）紧凑型荧光灯：紧凑型荧光灯逐渐取代白炽灯，具有高效、节能环保、显色性佳、寿命长等优点。

2. 无极荧光灯

无极荧光灯又称无极灯或高频等离子体放电无极灯。优点：高辉度、低电耗、高效率、无频闪、寿命长、启动性能佳，可在 0.1 秒内瞬间启动。

（五）微波硫灯

微波硫灯的功率都在千瓦以上，主要用于大范围室外照明，如运动场、广场、工厂厂房、飞机场等照明。微波硫灯与光导相结合则可用于大面积的室内照明，如可用于地铁站、商场、会议厅等，是推广和实施中国绿色照明工程的理想光源之一。微波硫灯的可见光光谱与太阳光非常接近，但光谱中的红外和紫外光含量非常少，适宜于博物馆、冷库、农业培育科学研究以及环保科学实验室等特殊场合的照明需要。

（六）金属卤化物灯

金属卤化物灯又可称为金卤灯，是一种节能型光源，光色接近日光，显色性能好，使用寿命长，被广泛应用于展览中心、体育场馆、车站等。注意事项如下：

1. 金属卤化物灯与一些内部含有汞填充物的电光源一样，在使用时，如果处理不当，会造成灯内的汞外泄，对环境造成污染。

2. 金属卤化物灯中的金属卤化物十分容易潮解，导致放电不正常，因此不要使其与水源过于接近。

（七）光纤灯

光纤是光导纤维的一种简写，光纤灯是一种以特殊高分子化合物作为芯材，并搭配高强度的透明阻燃工程塑料作为外皮的现代化电光源。光纤灯可分为点发光光纤系统和线发光光纤系统。其中，点发光光纤系统是一种末端发光的光纤灯。线发光光纤系统是一种侧面发光的光纤灯。光纤灯有较高的安全性、环保性和灵活性，视觉效果佳，无紫外线，无电伤害，使用寿命长等。

（八）LED 光源灯

LED 光源灯即二极发光管，是一种能将电能转化为可见光的固态半导体器件，还可以做成 LED 灯带，是将 LED 灯用一些特殊工艺焊接在铜线或一些软性的带状线路板上。LED 光源灯的优点如下：

1. 节能。白光 LED 的能耗仅为白炽灯的 1/10、节能灯的 1/4，平均 1000 小时仅耗几度电。

2. 长寿。寿命可达 10 万小时以上，对普通家庭照明可谓"一劳永逸"。

3. 发光效率极高。基本能将 90% 的电能转化成光能。

4. 保护视力。LED 灯属于无频闪灯。

5. 可以在高速状态工作。

6.LED 光源灯为固态封装，属于冷光源类型，所以它很方便运输和安装，可以被装置在任何微型和封闭的设备中，不怕振动，基本上不用考虑散热。

7.LED 技术正在日新月异地进步，它的发光效率正在取得惊人的突破，价格也在不断地降低。

8. 环保，没有汞的有害物质。LED 灯的组装部件非常易于拆装，不用厂家回收就可以通过其他方式回收。

二、灯饰的分类

（一）按安装方式分类

1. 线吊式灯：利用灯头花线持重。

2. 链吊式灯：采用金属链条吊挂于空间。

3. 管吊式灯：使用金属管或塑料管吊挂的照明器。

4. 嵌入式灯：将照明器嵌入顶棚、墙壁、楼梯等空间内。

5. 吸顶灯：将照明器吸附在顶棚位置。

6. 附墙式（壁灯）：设在墙上的照明器。

7. 台上安装（台灯）：放置在桌面及平台上。

（二）按光通量的分配比例分类

按光通量的分配比例分类是国际照明委员会推荐的分类。

1. 直接型灯具：90%~100% 的光通量向下直射的灯具，是光通量利用率最高的一种。

2. 半直接型灯具：60%~90% 的光通量直接向下照射在被照射物品上，10%~40% 的光通量经过反射后，再投射到被照射物体上。

3. 漫射型灯具：光源被封闭在一个独立的空间里，灯罩通常是由半透明的磨砂玻璃、乳白色玻璃等漫射材质所制成。40%~60% 的光通量直接照射在被照物体上。

4. 间接型灯具：将直接型灯具垂直翻转，90% 以上的光通量向上照射。

（三）按灯具的结构分类

1. 开启式灯具：灯具的光源能够直接与外界空间相连，并能够使人们轻易接触到内部光源。

2. 闭合式灯具：闭合式灯具是一种将灯罩结构进行闭合处理的透光性灯具，但灯罩内部可以自由通气。

3. 密闭式灯具：将灯罩的结合处进行封闭式处理，是灯具的内部与外界空气基本处于隔绝状态。

4. 防爆式灯具：防爆式灯具是一种不会因灯具而引起爆炸危险的灯具类型。

三、灯具的作用

1. 合理配光，能够将电光源所发出的光通量，重新分配到所需的地方。

2. 预防电光源引起眩光。

3. 美化灯具所在的环境。

4. 为电光源供电，保护其不受到损伤。

5. 维护照明安全。

6. 从一定程度上提高光源利用率。

7. 制造特殊的视觉效果。

第五章 室内软装装饰品、花品和画品

第一节 室内软装装饰品

装饰品是可以起到修饰美化作用的物品，比如，在身体或物体的表面加些附属的东西，使之更美观。装饰品可以起到点缀和衬托的作用。装饰品是软装的一部分，大多时候搭配的并不是一件物品，而是一种感觉。装饰品能够更好地烘托家居氛围，比如，色彩素雅的陶瓷类装饰品，会让人感觉到幽静古典，颜色鲜艳造型夸张的饰品则让人品味到不一样的特立独行。装饰品能够丰富室内空间，室内空间又有着不同的风格，而家居装饰品也是一样。风格不同，装饰品的造型、色彩和材质都会不一样，装饰品运用恰当，会让家居更具有层次感和空间感。装饰品能够调节家居色彩，如果家居中颜色单一，或者想要根据季节变化或心情变化去更换家居的色调和感觉，就可以添加不同风格色调的装饰品赋予空间自己想要的韵味。

一、装饰品的分类

（一）文化性饰品

软装设计中的文化性饰品是指那些通过造型设计、图案应用、材质选择等手段塑造的，有强烈文化内涵，能够表达一定时期或特定地域的带有浓厚特色的饰品。文化性饰品的陈设效果明显，在室内陈设中能够渲染浓厚的文化意味，增强室内空间的文化底蕴。文化性饰品包括图腾象征物、风水调和物、纪念品、艺术品等。

（二）工艺性饰品

工艺性饰品注重装饰效果及制作工艺，造型、工艺、风格品种繁多，应用广泛，可以配合营造空间氛围，强化突出风格等。

二、装饰品的材质

1. 瓷器

瓷器制品具有色彩艳丽、造型多样、价格适中（非收藏级别）、历久弥新的特点。其中大尺寸瓷器可以用来装点大玄关、提升客厅的品位与档次感、彰显主人的身份和审美情趣；小型陶瓷可以摆放在多宝阁、桌面、墙面、隔板等位置，用于点缀家居环境，美化生活环境。

2. 陶器

陶器是一种物美价廉、质朴纯真的家居饰品，比较适合古典格调的装饰风格，也可以用于现代、时尚的装饰风格，形成混搭的效果，别有一番风味。

3. 铁艺

铁艺制品耐磨耐用，不易破损，较易维护，图案纹样丰富，由于铁艺制品的风格和造型可以随意定制，所以应用广泛。铁艺饰品线条流畅简洁，注重古典与现代相结合，集功能性和装饰性于一体，可呈现出古典美与现代美，具有实用性和艺术性，可以打破传统单调的平面布局来丰富空间的层次，并与整个家居的设计相映成趣。

4. 玻璃制品

玻璃装饰品在家居生活中非常常见，最常见的就是玻璃花瓶、玻璃工艺制品等。材质通透美观，种类齐全，造型多样。优质的玻璃制品不仅有装饰空间、美化环境的作用，还具有实用性。经过现代工艺烧制的玻璃花瓶形状不一，风格各异，有古朴典雅的，有飘逸流畅的，有凝重矜持的，都透露出各自的神韵。随着科学技术的发展和新工艺的不断涌现，玻璃的色彩有了大的突破，乳白色、紫红色和金黄色等相继登场，五彩纷呈，形成了梦幻般的效果。

5. 藤、草编制品

藤、草编制品造型美，重量轻，清新自然，优雅朴素。装点藤、草编制品可以提升空间宁静、素雅的氛围，但要注意清洁和保养。藤艺饰品包括果篮、吊篮、花架和灯笼等。藤艺饰品的原料来自大自然，身居其中可感受到清新自然、朴素优雅的田园氛围和浓郁的乡土文化气息，使家居充满了宁静、自然和富有生命力的氛围。

6. 布艺品

布艺饰品作为软装饰在家居中独具魅力，它柔化了家居空间生硬的线条，提高空间层次，在实用功能上更具有独特的审美价值。布艺饰品包括壁布、台布、窗帘、椅垫、抱枕、床罩、枕套和沙发套等。

7. 干花

干花饰品经过特殊工艺处理，似鲜花一样娇艳，而且比鲜花更耐久、更好看。干花饰品的造型雅致、价格合理，有枝叶型、观花型、果实型、野草型和农作物型，经过脱水、干燥、染色和熏香等工艺处理，既保持了自然美观的形态，又具有独特的造型、色彩和香味，洋溢着大自然的气息。

三、搭配原则及方式

软装饰陈设饰品款式多种多样，如铁艺、陶瓷、根雕、树脂、玻璃等。造就的视觉感也有不同。讲究色彩搭配、摆放组合以及风水学说。精致的装饰品及合理的摆放方式能够大幅提升空间品质感，烘托空间意境体现空间品位。

1. 装饰品规格

空间的大小和高度是确定装饰品规格的依据，一般来说，摆放装饰品的大小、高度和空间是成正比的。

2. 风格要统一

装饰品在风格上一定要注意统一，切忌既在这个地方选点，又在那个地方选点，不成系列，杂乱难看。先找出大致的风格与色调，依着这个统一基调来布置就不容易出错。例如，对于简约的家居设计，具有设计感的装饰品就很适合整个空间的个性；如果是自然的乡村风格，就以自然风的家居装饰品为主。

3. 色彩要和谐

装饰品通常起到点缀的作用，因此饰品的颜色一定要跟整个空间的色系吻合，包括墙面颜色、家具颜色等。摆放点周围的色彩是确定装饰品色彩的依据，常用的方法有两种，即一种配和谐色，另一种配对比色。与摆放点较为接近的颜色（同一色系的颜色）为和谐色，如红色配粉色、白色配灰色、黄色配橙色。与摆放点对比较强烈的颜色为对比色，如黑配白、蓝配黄、白配绿等。

4. 空间组合

将一些装饰品组合在一起成为视觉焦点时，对称平衡感很重要。旁边有大型家具时，排列的顺序应该由高到低陈列，以避免视觉上出现不协调感，或是保持两个饰品的重心一致。另外，摆放饰品时前小后大，层次分明，能突出每个饰品的特色，在视觉上就会感觉很舒服。

5. 与家具配合

装饰品要注意与家具配合，家具方正，则饰品要灵活，可以"低高低"，也可以"高中低"，家具圆润，饰品则规整，高低差别不宜过大。

6. 摆放顺序

装饰品摆放规则有从点到线再到面，或反之，从面到线再到点，避免没有层次感。

7. 前小后大层次分明

装饰品的摆放，可以根据对称、和谐的理念来布局。旁边有大型家具时，排列的顺序应该由高到低陈列，以避免视觉上出现不协调感，或是保持两个饰品的重心一致。例如，将两个样式相同的灯具并列、两个色泽花样相同的抱枕并排，这样不但能制造和谐的韵律感，还能给人祥和温馨的感受。另外，摆放饰品时前小后大层次分明，小件物品放在前排，能制造和谐的韵律感，这样一眼看去能突出每个饰品的特色，在视觉上就会感觉很舒服。

8. 光线组合

摆放位置的光线是确定装饰品明暗度的依据，通常在光线好的摆放位置，摆放的装饰品色彩可以暗一些，光线暗的地方，摆放色彩明亮点的装饰品。

9. 装饰品特性

在摆放装饰品的时候，要考虑它的特性，如一些植物—— 芦荟、兰花、月季等由于对室内空气有净化作用，较适宜放在室内，而郁金香等由于容易使人皮肤过敏、影响食欲等原因，一般不适合放在室内。

第二节　室内软装花品

插花是指人们以自然界的鲜花、叶草为材料，通过艺术加工，在不同的线条和造型变化中，融入一定的思想和情感而完成的花卉的再造形象。插花是一门古老的艺术，寄托人们美好的情感。插花起源于人们对花卉的热爱，通过对花卉的定格，表达一种意境来体验生命的真实与灿烂。中国插花历史悠久，素以风雅见称于世，形成了独特的民族风格，色彩鲜丽、形态丰富、结构严谨。

中国插花艺术始于隋朝之前，主要作为祭坛佛前供花，唐代时花艺在宫廷内大受欢迎，到宋代更普及至一般文人雅士，发展极盛。宋代插花艺术突破唐代的富丽堂皇，以清、疏风格为主，追求线条美，内涵重于形式，体现插花者的人生哲理与品德节操，被称作"理念花"，对后世的花艺风格影响颇大。

一、花材品种

在花艺设计中，用胡适的话来讲，那就是"进一寸有进一寸的欢喜"。从花材的形状来分类，简单地分为团状花材、线状花材、点状花材和不规则花材。

1. 团状花材

从"团"这个字上就可以看出，这种花的形状大致是圆形的。在西方花艺中，团状花主要作为焦点花来使用，常用的团状花一般有玫瑰、月季、非洲菊、康乃馨、芍药、睡莲、洋牡丹、洋桔梗、向日葵。

2. 线状花材

线状花材就是外形呈现为线条状的花材，线性花材在插花中常用来搭建框架，勾勒线条。比较常见的线状花材有唐菖蒲、蛇鞭菊、紫罗兰、金鱼草、银芽柳、红瑞木、散尾葵、尤加利叶、跳舞兰等。

3. 点状花材

点状花材又称散点花，通常指有许多简单的小花组成大型、蓬松、轻盈的花序枝。常用的花材有满天星、勿忘我、情人草、黄莺、小菊花、石竹梅、绣球花、天竺葵、水仙百合等。这些花材主要是散插在焦点花之间，起填充、陪衬和烘托的作用，营造一种朦胧和梦幻的感觉。

4. 不规则花材

不属于以上三种形状的花材都可以归属到不规则花材这个类型中，比如，常见的香水百合、红掌、鸡冠花、木百合、石斛兰、小苍兰、海芋、天堂鸟等。这些花材有时可以当线性花材来勾勒线条，有时又能当成焦点花来使用，甚至有时当成散状花来点缀。所以不规则花型的具体使用要根据整体作品的表现来定。

5. 定形花（形式花）

定形花的花朵较大，有其特有的形态，是很有个性的花材，如百合花、红掌、天堂鸟、芍药等。作为设计中最引人注目的花，定形花经常用在视觉焦点的位置。

6. 簇形花（块状花）

簇形花的花朵集中成较大的圆形或块状，一般用在线状花和定形花之间，是完成造型的重要花材。没有定型花的时候，也可用当中最美丽、盛开着的簇形花代替定型花，插在视觉焦点的位置，如康乃馨、非洲菊、玫瑰、白头翁等。

7. 填充花（散状花）

分枝较多且花朵较为细小，一枝或一枝的茎上有许多小花。具有填补造型的空间、以及花与花之间连接的作用，如小菊、小丁香、满天星、小苍兰、白孔雀等。

二、花材搭配

根据所用花材的不同分为鲜花插花、干花插花、人造花插花和混合式插花。

1. 鲜花插花

全部或主要用鲜花进行插制。它的主要特点是最具自然花材之美，色彩绚丽，花香四溢，饱含真实的生命力，有强烈的艺术魅力，应用范围广泛。其缺点是水养不持久，费用较高，不宜在暗光下摆放。

2.干花插花

全部或主要用自然的干花或经过加工处理的干燥植物材料进行插制。它既不失原有植物的自然形态美，又可随意染色、组合，插制后可长久摆放，管理方便，不受采光的限制，尤其适合暗光摆放。在欧美一些国家和地区十分盛行干花作品。其缺点是怕强光长时间暴晒，也不耐潮湿的环境。

3.人造花插花

所用花材是人工仿制的各种植物材料，包括绢花、涤纶花等，有仿真性的，也有随意设计和着色的，种类繁多。人造花多色彩艳丽，变化丰富，易于造型，便于清洁，可长时间摆放。

4.混合式插花

将上述插花方式综合应用。

鲜花色泽艳丽，能够净化空气，但是容易枯萎，需要经常更换，鲜花的成本较高，干花能长期保存，是干花的优势，但是干花缺少生命力，色泽感较差，人造花可塑性比较好，也易于打理，人们能根据自己的爱好选择自己喜欢的花卉，但是人造花不具备生命力是它的弱势，存在着很大的局限性，鲜花与干花在品质上并不能相提并论。所以，要发挥不同材质花的优势，需要认真考虑空间的条件。例如，在盛大而隆重的庆典场合，建议使用鲜花，因为鲜花能更好地烘托气氛，体现出庆典的品质。在光线昏暗的空间，可以选择干花，因为干花不受采光的限制，而且能展现出本身的自然美，除此之外，干花可以随意调色，能长久保存，装饰效果也充满古典气息，非常适合咖啡厅、电影院等，而像医院、图书馆等场所，一般选用清新淡雅的绿色植物作为装饰，如文竹、芦荟、白百合。过分鲜艳或者气味浓烈的植物容易让人产生不愉快的感觉，并不适合空间装饰的整体基调。

三、花艺流派

目前国际花艺流派主要表现为八大类别：德式、英式、美式、自然系、中式、日式、韩式、泰式，当然还有很多其他风格的花艺流派。

1.中式插花

东方插花起源于中国。我国最早的一部诗歌总集《诗经》记载了青年男女相爱采摘花枝互赠对方表达爱意。这可能是最早的插花应用了。

中式插花重视花枝的美妙姿态和精神风韵，喜用素雅高洁的花材。造型讲究线条飘逸自然，构图多为不对称均衡。利用不多的花枝，达到虚实、刚柔、疏密的对比与配合，或柔或刚，或粗或细，或秀雅或苍古，轻描淡写，清雅绝俗，展现出一叶一世界、一花一乾坤的艺术天地。中式插花取材绝不随意，古人们很看重花材背后的内涵和寓意，水仙花冰肌玉骨，是"凌波仙子"；松枝一身傲气，象征威严长寿；梅兰竹菊是四君子，清高淡雅。民间还有春天折梅赠远、秋天采莲怀人的传统习俗，这些寓意深刻的花材使传统插花作品被赋予更多精神意义。

2. 法式自然系花艺

自然系花艺起源于法国。自然系风格是在传统欧式花艺设计基础之上，融入了东方插花的理念，强调在充分观察理解鲜花和植物个性、姿态以及生长的自然势态来表现作品的全新设计理念。设计灵感来源于大自然本身，追求花材自然、真实的美感。强调从花材本身出发，充分观察理解鲜花和植物的个性、姿态，以其生长的自然势态来创作作品。它要求设计者不仅表现植物的"美丽"，还要将其作为一个独立的生命来把握。设计时不仅要观察鲜花的形状和姿态，还要充分发挥花朵、枝条的动感、叶片的长势、花朵的朝向、性情、质感、色彩等诸多条件，呈现一种松散而不凌乱的美。

3. 德式架构花艺

架构花艺起源于德国，是设计师采用联想、象征、意向等方法通过对不同的素材进行塑形后创建一个主题构架，再创作鲜切类花艺艺术。能增强作品的层次感、空间感和立体感，同时还具有气度感、华丽感和时代感。这种花艺打破了花器对花艺的限制，构图更加自由，表现方法更加大胆新颖。架构对花艺师的设计理念、材料应用、技巧技法、色彩掌控都有极高的要求。设计元素要紧贴主题，不仅要给人视觉上的美感，而且要有景外之情，达到情景交融。声、光、电技术在花艺作品中得到广泛应用。

4. 英式花艺

如果说欧洲是世界上园艺水平最高的地方，那么英国则是园艺文化最普及的国家。对它们的人民来说，最美好的一天，莫过于手持花剪在自家的花园中度过。英式花艺的主要风格：简约、清新、自然的田园风，端庄、经典、优雅的英伦风。英式花艺喜欢加些各式各样的时令花材，营造出自然、优雅的风格，尤其喜欢使用大量鲜艳的花材营造有一种分量的磅礴感。英式花艺设计可分为传统花艺与现代花艺两种，前者以铁艺为架构，尽可能追求工艺的细致度，但选材严谨，即便是铁艺架构的手捧花设计，亦可轻而易举地拿在手中；后者则以花泥手捧为基础，将花材直接插入花泥中，提升设计速度和表现力，工艺相对弱化。

5. 美式花艺

美国文化是最具包容和创新的文化。受其影响，美式花艺摒弃了过多的烦琐与奢华，兼具古典主义的优美造型与新古典主义的功能配备，既简洁明快，又温暖舒适，古典中带有一点随意。美式插花在表现形式上分为形式插花和非形式插花，即传统插花和自由插花。传统插花注重花材外形，追求块面和群体的艺术魅力，构图多以对称式、均齐式出现，花材种类多、用量大，表现出热情奔放、雍容华贵的风格。传统插花适合特殊社交场合。自由插花崇尚自然，不讲形式，线条乱中有序，形态参差，高低错落，配合现代设计，强调色彩。自由式跟正统的、规整的花型相反，这种自然风格要更加欢快活泼一些，适用于日常家居摆设。

6. 韩式花艺

韩式花艺吸收了西式花艺和东方花艺的特质，更注重品位和细节处理，干净利落，手工精致，更注重品位和细节处理，手法上采用了多种风格，在线条、意境、色块、几何构图等方面都注重表现自然，时而清新淡雅，时而可爱俏皮，时而温馨低调，色彩明亮。最常用的花材有玫瑰、海芋、洋牡丹、米花、星芹、寒丁子、千日红、乒乓菊、绣球花、郁金香、洋桔梗、康乃馨、尤加利叶等。韩式花材搭配的形状，多为不规则圆形，花材或高或低，凌乱而又有规律可循，呈现出一种自然的状态。

四、花器及材质

插花器皿是花艺设计的必需品。花器的种类很多,陶瓷、金属、玻璃、藤、竹、草编、化学树脂等。花器要根据设计的目的、用途、使用花材等进行合理选择。

1. 陶瓷花器。花型设计中最常见的道具，突出民族风情和各自的文化艺术。

2. 素烧陶器。在回归大自然的潮流中，素烧陶器有它独特的魅力。它以自身的自然风味，使整个作品显得朴素典雅。

3. 金属花器。由铜、铁、银、锡等金属材质制成，既给人以庄重肃穆、敦厚豪华的感觉，又反映出不同历史时代的艺术发展。

4. 藤、竹、草编花器。形式多种多样。因为采用自然的植物素材，可以体现出原野风情，比较适宜自然情趣的造型。

5. 玻璃花器。玻璃花器的魅力在于它的透明感和闪耀的光泽。混有金属酸化物的彩色玻璃、表面绘有图案的器皿，能够很好地映衬出花的美丽。

6. 塑料花器。价格便宜，轻便且色彩丰富、造型多样。

按插花器皿和组合方式可分瓶式插花、盆式插花、盆景式插花、盆艺插花。

1. 瓶式插花。瓶式插花又叫瓶花，是比较古老而普通的一种插花方式，人们剪取适时的花枝配上红果绿叶，插于花瓶内。这种插花由于花瓶瓶身高、瓶口小，因此插时不需要剑山和花泥，只需将花枝投入即可，日常生活插花多属此种。

2. 盆式插花。盆式插花又称盆花，即利用水盆进行插花，或利用其他类似于水盆的浅口器皿进行插花。由于容器较浅，需要借助花砧、泡沫、卵石等固定物才能完成作品。与瓶花相比，盛花的难度较大，需先造型，然后再根据造型，安插花枝和配叶。

3. 盆景式插花。盆式插花是利用浅水盆创作的一种艺术插花形式，它利用盆景艺术的布局方法，使插花作品形似植物盆景。这种插花是利用插花树枝制作而成。制作时可在水盆中放置些山石等作为背景和点缀。

4. 盆艺插花。盆艺插花是将盆栽植物和鲜花花枝艺术组合在一起，进行室内布置的一种植物装饰艺术。所用盆栽一般是小型室内植物。以观叶植物为例，它本身虽适于室内观赏，但无色彩鲜艳的花果，鲜花鲜果枝配插于观叶植物盆栽中，可以使它的色彩艳丽起来。另外，一些姿态欠佳的室内盆栽用鲜艳的枝叶花果来配插，还可以使它们的姿态完美起来。

五、花艺设计

花艺设计是以空间为承载主题，以花卉造型为设计灵魂的美妙点缀，是色彩设计、立体构成、想法创意、灯光效果的结合运用。重点不仅仅停留在对花材的选择，更多的则在于对结合器皿、配饰、道具等搭配运用，利用各种插花形式，创造与空间主题、情景、气氛相符合的花艺设计。

花艺在室内空间的布置，首先要考虑空间的因素，然后才考虑颜色、造型、材质等方面。通常情况下，大空间的花艺装饰以垂直线来表现空间的三维立体感，而在空间有限的室内，水平的作品则最具功效。色彩方面，搭配不同纯度、明度的花艺，让花艺作品呈现出多色彩、有张力的整体情境。花艺的摆放讲求环境色彩的和谐，在视觉上常常让人产生愉悦、热闹、生机勃勃的感觉。花的颜色一方面要考虑场所环境的要求，另一方面要考虑与空间内的其他物品颜色相和谐，体现整体美。例如，书房适合使用书贴字画作为装饰，而花艺最好选择淡雅的植物，色彩不宜过艳，最好是以绿叶为主的植物，如竹子、芦荟、仙人掌等，能够调节视力，给人以舒适的感觉。又如，客厅可以选择较为鲜艳、明亮的花卉并且摆放在明显的位置，让人感觉到喜悦，也能体现出主人的热情。然而搭配还需要配合客厅的格调，颜色搭配不和谐会起到相反作用，无法彰显出主人的品位。花艺还讲究均衡与稳定，比例要合适，作品的大小、长短、各个部分之间以及局部与整体的比例关系，比例恰当才能匀称。插花时要视作品摆放的环境大小来决定花型的大小，所谓"堂厅宜大，卧室宜小，因乎地也"。其次是花型大小要与所用的花器尺寸成比例。古有云，大率插花须要花与瓶称，令花稍高于瓶，假如瓶高一尺，花出瓶口一尺三四寸，瓶高六七寸，花出瓶口八九寸乃佳，忌太高，太高瓶易仆，忌太低，太低雅趣失。

装饰性和实用性是花艺装饰设计最主要的功效，住宅空间、办公空间以及商业空间的花艺装饰设计有着一定的联系，但不完全相同。住宅空间普遍花艺装饰设计较少，主题型花艺装饰几乎绝迹，倘若进行花装饰设计切忌喧宾夺主，装点型花艺风格应符合整体空间的氛围。办公空间对花艺的色彩和材质要求较高，严肃性的氛围应多使用纯叶绿植以及颜色不鲜明花材进行装饰，器皿风格也应统一。至于商业空间，可根据具体风格决定具体装饰，花艺装饰设计应多以实用性为主，其次突出其装饰性即可。

第三节　室内软装画品

画饰在软装设计中作为点睛之笔，往往是最能体现生活品位，彰显个人修养的部分，所以对于画品的选择不但要保证色调协调、风格搭配，还要考虑众多的其他要素，如画框材质、画幅尺寸、摆放形式、高度及数量等符合空间意境的画品，需要进行长时间的定制用以保障设计的品位以及对生活的追求。

一、画品类别

画品按照装饰的位置，划分为酒店装饰画、办公室装饰画、家居装饰画，而家居装饰画根据各功能区域的不同，又分为客厅装饰画、卧室装饰画、餐厅装饰画、玄关装饰画、儿童房装饰画等。

画品按照材料，划分为摄影装饰画、丝绸装饰画、抽纱装饰画、剪纸装饰画、木刻装饰画、绳结装饰画、水晶装饰画、浮雕装饰画等。

画品从制作方法进行划分，分为印刷品装饰画、实物装裱装饰画及手绘作品装饰画。其中手绘作品装饰画具有较高的艺术价值，因此价格也相对较高，且具有收藏价值，主要是一些名人名家的画作。印刷品装饰画作为市场上的主打产品，主要是有出版商从画家的作品中选出优秀作品，进行印刷出版的画作。而实物性装饰画是新兴的装饰画画种，它主要是以一些实物作为装裱内容。

画品按照画面图案，分为风景类装饰画、花鸟类装饰画、植物花卉类装饰画、动物类装饰画等。

画品按照地域风格，划分为中式风格装饰画、新中式装饰画、欧式装饰画等。中式装饰画多为表现中国文化特点的装饰画，如国画、书法类、写意山水类的装饰画。而欧式装饰画主要以油画为表现形式，画面比较华丽、典雅。

此外，还有抽象类装饰画、高档装饰画、个性装饰画、田园风格的装饰画等多种装饰画类型。

二、画品摆放方式

画品的选择要根据房间风格布局来确定装饰画的风格，以及摆放的位置、大小和形状。

1. 装饰画风格和空间风格统一

空间的风格有很多，如现代、中式、美式、新古典、田园、地中海、东南亚，首先要确定空间的风格，再相应地做出选择。

2. 装饰画装饰的墙面位置和装饰形式

坚持"宁少勿多，宁缺勿滥"的原则，在一个空间里形成一两个视觉点就够了，留下足够的空间来启发想象。在一个视觉空间里，如果同时要安排几幅画，必须考虑它们之间的整体性，要求画面是同一艺术风格。

3. 尺寸和挂画高度

装饰画尺寸和高度都是有规律可循的，不同的位置，挂法也不一样。

（1）卧室挂画

①选画的总宽度。通常它不应该比家具（床头）的宽度更长，选单幅的画可使画的宽度和床头宽度相等或短于床头。

②挂画的高度。装饰画的底部距离床头顶部 30 cm 左右。画面的中心与人站立的视线最好平行或稍低点。（画的中心离地面 150 cm 处）

③画的颜色选择。选择画面安静、轻松的颜色或构图。

（2）餐厅挂画

①选画的总宽度。餐厅通常会在餐桌侧面墙或餐桌后面的墙挂画，整套画的宽度选择比较灵活，可以是超出餐桌长、宽的照片墙或是多幅组合画。

②挂画的高度。画面的中心与人站立的视线最好平行或稍低点儿。（画的中心离地面 150 cm 处）

③画的颜色选择。画面内容清新，可以让人在用餐过程中心情愉悦。

（3）玄关挂画

①选画的总宽度。玄关位置多为狭长的走廊尽头墙面，墙面宽度比较窄，装饰画可控制在墙面宽度的 65% 内。

②挂画的高度。画面的中心与人站立的视线最好平行或稍低点儿。（画的中心离地面 150 cm 处）

③画的颜色选择。作为进门或者很容易就能看到的位置，画面选择应选主题明确、颜色亮丽的画，在第一时间吸引人，选择竖版的画通常会使玄关空间感更强。

（4）客厅挂画

①选画的总宽度。通常它不应该比家具（沙发）的宽度更长，保持在沙发总宽的 75% 效果最好。

②挂画的高度。装饰画的底部距离沙发顶部 30 cm 左右效果最好。

如果挂画位置没有家具，画面的中心与人站立的视线最好平行或稍低点。（画的

中心距离地面 150 cm 处）

③画的颜色选择。画面选择主题明确，颜色和室内环境协调，使得装饰画成为整个空间的焦点。

4. 挂装饰画的方法

（1）钢钉

挂画最安全保险的方法还是钉钢钉，毕竟它的承重力大，很安全，但是这种方法必然会对墙面造成一定的损坏。所以，如果墙面上挂画较重且不打算更换和移动位置的，不妨使用钢钉。

（2）蓝丁胶

经常更换画和装饰物，可以利用蓝丁胶。蓝丁胶可以用来粘贴较小、较轻的无框画、仿油画，不适合挂带玻璃面的装饰画、相框或木头框的油画等较重的物品，建议重量在 1 kg 以下为佳。

（3）无痕钉

如果挂画想要承重强一些，可以用无痕钉，不同规格可以承受不同重量，一般最大承重为 2 kg，挂钩上有几枚非常细小和坚硬的钢针，适合坚硬的墙面。也没有什么太大的口子，隐蔽处露出来不会很明显。

（4）吊放

这种方法一般要用到轨道挂画器，从顶面垂下吊线，将画吊起，同时一幅或多幅都可以，没什么空间限制；也可以用钉子钉在天花板脚线，然后用吊线按要求的高度把画挂上去。

（5）粘牙膏

如果是很轻的画，比如，小孩子的涂鸦之类，可以用牙膏代替黏胶把画粘在墙上，等到以后想拿掉，干牙膏一抠就掉了，但这种方法只适合非常轻的画。

（6）摆放

这种方法在很多现代风格或北欧风格的经常用到，画不挂起来，而是随意地摆放起来，比如，放在地上，适合非常大的画。

三、空间搭配

在居室内挂几幅漂亮的装饰画，既能起到画龙点睛的装饰效果，又能营造温馨的生活气氛。配合装修风格、体现个人情趣是选择装饰画的重要原则。在选择装饰画时，除了要考虑装饰画的摆放位置，还要顾及装饰画与装饰区域的家具比例问题。比如，客厅沙发区域的装饰画不宜过大，否则容易造成头重脚轻，导致空间搭配比例不协调。装饰画的中心线应在视平线的高度上，这样才能达到最佳装饰效果。

在选择装饰画时，可根据空间的不同特性选择不同的布置方法。

1. 对称式挂法：这种挂法操作简单易上手。在图片选择方面，尽量以同色系、同系列的图片为主，以达到最佳的装饰效果。

2. 均衡式挂法：墙的宽度应比装饰物的宽度大许多，并且均衡分布。挂画尽量选择同一色调或是同一系列的内容。

3. 重复式挂法：同一尺寸的挂画重复悬挂。看似简单的挂法，需要格外注意：画间距以不超过画的 1/5 为宜，这样才使得照片墙具有整体性。这种挂法能造成强烈的视觉冲击力和装饰性，比较适合房高较高的空间。

4. 水平线挂法：下水平线对齐的挂法，感官上比较具有随意性。采用统一样式、颜色的画框能够中和这种挂法的随意感。上水平线对齐的方式，在保证装饰感的同时，又不会显得凌乱，是比较容易实现的装饰画挂法。

5. 中心线悬挂法：这种悬挂方式要考虑到被装饰物的形状，顺应被装饰物的走势是比较常见的做法。

6. 方形混搭挂法：不同材质、不同样式的装饰品，如镜子与装饰画的组合，共同构成方形，俏皮随意又不失整体感。这种混搭挂法比较适合乡村风格。

7. 沿建筑结构挂法：沿着楼梯的走向布置装饰画是比较常见的一种类型。

8. 放射式挂法：以中间画作为中心点，向四周散射。尽量选择同色系照片，中间照片以大幅为主，周边选择较小幅装饰画作为辅助为宜。

9. 对角线挂法：顾名思义，以方形对角线作为悬挂依据的标准，同时可以混搭其他墙饰，塑造墙面的随意性。

10. 搁板悬挂法：利用搁板作为照片的容纳处，不仅可以避免墙面钉钉子的行为，还可以让照片墙更换变得简便起来。

11. 自制挂画线挂法：这是 DIY 照片墙不错的选择，还可以在周围加些灯带，打造温馨、随意的照片墙。

第六章　室内软装设计之陈设设计

室内设计与软装陈设设计既有区别又有联系，二者是整体与局部的关系，是相辅相成的关系。软装陈设设计是室内设计的有机组成部分，也是不可割裂的细分专业。

第一节　软装陈设设计的内涵

软装陈设设计又称室内陈设艺术设计，是室内设计中不可缺少的重要组成部分，是室内设计完成之后的二次装饰和深化设计。室内设计是指根据建筑内部空间的使用性质和所处的周边环境，运用物质技术手段和艺术手段创造功能更合理、视觉更美观、运用更舒适且更符合人们生理、心理需求的生活环境。软装陈设设计则是利用各种艺术形式和艺术产品进行整合，以烘托室内的格调、氛围、品位和意境，一般不涉及建筑的结构和改造。然而，软装陈设设计不仅仅停留在摆放家具、工艺品、挂画、摆花和挂窗帘等简单的装饰层面上，它涵盖了整个项目的使用者和陈设品以及整个空间环境的内涵、魅力、气质和个性设计，所以它是根据客户的职业、年龄、兴趣、爱好、人生观、价值观，同时根据项目的空间类型、所属商圈、周边环境、功能要求、建筑面积、项目定位，在室内空间环境装饰装修完成基础上的深化和升华；软装陈设设计是在遵循客户需求的前提下，从专业角度对软装产品进行的规划与设计，是使整个空间更加个性化和人性化的设想与规划。软装是形式，设计是灵魂和内容，软装陈设设计是历史文脉的延续，是艺术的创新与发展，是为业主量身定制的宜居设计，契合业主的生活方式。（如图 6-1 所示）

图 6-1　软装陈设设计方案

第二节　软装陈设设计原则与方法

一、软装陈设设计原则

（一）硬装与软装氛围一致的原则

所谓氛围一致，指感觉、环境、格调、风格的一致。一致并非完全统一，不是形与量、质与色的统一，而是整体搭配的统一。

图 6-2　新中式风格

如图 6-2 所示，吊灯的颜色与周围环境的颜色没有呼应和协调，但感觉却很舒适，原因就是格调一致、风格和氛围一致。

（二）空间与体量尺度协调的原则

体量与尺度的原则即产品单体与整体空间相协调，避免很大的空间装设完成之后感觉很小气，很小的空间设计完成之后更加局促和压抑。古希腊 2000 多年前就发现了比例的秘密，古希腊、古罗马的建筑、构件、柱式都有严格的比例规定。

如图 6-3 所示，一个偏爱东南亚风格的业主，希望在仅有 35 平方米的一居室里打造出书房、卧室、会客室及储藏室。设计师遵循空间与尺度协调的原则，将阳台改造成书房，在不改变硬装结构的前提下，把地面抬高，将抬高部分做储物收纳空间。同时，选用极具东南亚风格的藤编蒲团。床头的背景墙和客厅沙发背景墙做到主题共享，中间的格栅和纱幔解决客厅采光、通风的问题，同时保证卧室的私密性。电视背景墙的设计在解决通风、采光的同时注重协调尺度与空间的关系。

图 6-3　东南亚风格居室改造

如图 6-4 所示，画品不仅颜色、内容协调，而且比例关系运用得非常恰当。画品的高度接近桌面长度的 2/3，画自身的宽度是高度的 2/3，整个画面尺寸接近黄金分割比；如果画品的高度超过桌面的长度或者画品的宽度大于桌面长度的 1/2，那么整个画面会给人头重脚轻之感；如果画品的高度小于桌面宽度的 1/2 或者接近 1/2，那么画面会显得非常拘谨。因此，空间与体量的尺度协调在陈设过程中尤为重要。

图 6-4　画品陈设的比例与体量

（三）硬装风格与软装陈设设计风格统一的原则

统一并非完全一致，而是相对一致，是产品与其他元素在色彩造型、材质、比例、空间、风格上的统一。

例如，图 6-5 中的硬装部分非常简洁，室内软装的搭配方式非常自然。画品内容和花艺造型均以自然田园题材为主；画品的组合悬挂，变化中不失统一；整个空间的陈设风格与硬装和谐统一。

图 6-5　托斯卡纳设计风格

（四）室内设计和软装陈设设计变化的原则

空间失去统一会显得琐碎，但过分统一则会呆板，所以变化的原则是在统一的基础上做到变化中有统一、统一中有变化。这可通过造型、材质、色彩、数量来实现。

如图 6-6 所示，胡桃木色的格栅纹样是传统万字纹的变形纹样，与地毯的几何形纹样很近似。虽然双人沙发、沙发椅、坐墩的造型各不相同，但在色彩、图案造型表现上达到统一，坐墩的底色同沙发的颜色、图案的颜色同格栅的颜色，巧妙地将格栅与沙发联系在一起。格栅的胡桃木色与沙发的浅米色形成对比，沙发的紫色丝绸靠包与格栅的颜色形成呼应。沙发与地毯的材质富有变化，但颜色是统一的，在色彩变化的同时形成色彩的节奏和韵律，而节奏和韵律美就是变化与统一的过程。因此，整个空间既有统一又有变化，既协调舒适又清新明快。

图 6-6　中式设计风格的变化与统一

（五）主从和谐的原则

"主"可理解为主题，是主要的表现对象，也是设计主要表达和体现的宗旨，没有主题的设计，空间就没有文化、内涵和灵魂。主题的实现通过对比衬托来完成，没有对比和衬托，主题很难突出。

如图 6-7 所示，位于迪拜的"棕榈岛亚特兰蒂斯"（Atlantis，The Palm）七星级酒店被誉为全球最豪华的酒店，耗资 15 亿美元，历时两年建成。酒店大堂主题陈设中，大量采用柱式和拱券的表现形式。受拜占庭风格的影响，伊斯兰风格的拱券与中世纪的拜占庭风格和哥特式风格的尖券、尖拱、多圆心券和叠级券相近。大堂吧柱子与柱子之间的衔接采用伊斯兰风格的建筑结构类型和造型特征。柱子的造型选用棕榈树树干和叶子的变形设计。棕榈树在当地是胜利与智慧的象征。柱子与柱子之间的造型联系展现了空间的节奏和韵律。中央屋顶的铅晶玻璃主题造型设计融入阿拉伯特有的装饰元素，诠释了亚特兰蒂斯的精髓——奇迹、海洋、探索。高约 10 米，由橙色、红色、蓝色、绿色组成的 3000 多片吹制玻璃雕塑，更像一束燃烧的火焰，成为整个空间的视觉焦点。

图 6-7 "棕榈岛亚特兰蒂斯"七星级酒店

（六）对比与协调的原则

对比与协调可细分为以下几种：风格上的现代与传统；色彩上的冷暖对比、色相对比、纯度对比、明度对比；材质上的柔软与粗糙；光线上的明与暗；形态上的对比（造型要素：点、线、面体空间关系）。

后现代风格设计认为，现代风格过于注重功能性和机械化批量大生产，忽视传统文化的传承；设计既要有现代创新，如新材料、新工艺、新技术，又不能失去历史与文化传承。例如，图 6-8 中的书桌设计，材质是高密度板，饰面采用钢琴烤漆，腿部造型模仿法国路易十五时期洛可可最具代表性的 S 形弯腿，但不是完全写实的照搬照用，而是采用现代风格的表现手法：采用重复、叠加、渐变体现 S 形神韵。这就是现代与传统的典型对比，通过材质和色彩的统一，达到协调统一的效果。

图 6-8 后现代风格家具设计

又如图 6-9，色彩本是补色关系，但通过降低纯度达到调和效果。此外，还可通过冷暖、色相、纯度、明度等对比，使空间色彩更加丰富多元。

图 6-9 色彩的对比和调和

又如，图 6-10 中周围环境是精致、和谐、统一的，而夸张的红砖肌理效果让司空见惯的红砖有了新的形式美感，使人亲近大自然，中间的画框与外部环境形成呼应。

图 6-10 材质的柔软与粗糙、精致与粗犷

又如图 6-11，运用灯光明暗关系，在不影响功能设计的前提下，通过改变照明方式来改变空间效果。

图 6-11 灯光的明暗对比

二、软装陈设设计方法

（一）利用形式美的法则进行搭配

具体包括对称与均衡、节奏与韵律、重复与渐变、变化与呼应。

对称与均衡，从形和量两个方面给人视觉平衡的感受。对称是形和量相同的组合，统一性强，具有严肃、端庄、安静、平稳的感觉，但是缺少变化。均衡是对称的变化形式，是一种打破对称的平衡。（如图 6-12 所示）

图 6-12　对称搭配法

节奏与韵律，即空间有节奏和韵律，色彩也有节奏和韵律。节奏就是变化的统一，只不过是有一定规律性的变化。无论色彩还是空间，没有节奏就是呆板。有了韵律，给人的感觉才是欢快的。书柜中书的陈设是有节奏和韵律的，竖向和横向进行交叉和变化，适当时予以留白。传统的使用习惯只是把书码放整齐而已。码放整齐、堆满书架就是功能性，有了节奏和韵律就是形式美的陈设艺术。（如图 6-13 所示）

图 6-13　楼梯踏步的韵律感，方向的变化产生的韵律

重复与渐变、变化与呼应见图6-14、图6-15。

图6-14 重复与渐变

图6-15 变化与呼应

（二）根据设计立意进行创意陈设

1. 情趣性、趣味性陈设

构图、立意、神态都让人感觉可爱、亲切，并非一定要有多么深刻的内涵，但应天真无邪、妙趣横生，表现自然形态的纯真和可爱。

例如，图6-16中根雕的表现手法既是写实的又是立意的，肥硕的小鸟憨态可掬、神态各异，疏密对比、均衡式构图、天然的材料却把羽毛的质感体现得淋漓尽致，生活是富足的、悠闲的、美好的。

图6-16　趣味性陈设

2. 借景陈设

如图6-17所示。

图6-17　顶部的透明玻璃材质设计，让大自然成为坊间的背景

3. 引用典故或故事情节进行陈设

例如，"风波庄"主题餐厅，如图6-18所示，主题是江湖饭、武林菜，整个环境让人置身于武林之中，古朴的面并不显眼，然而每到夜晚，这里却酒盏相撞，热闹非凡。关于武林的背景音乐、小二穿堂的声音、各种门派的巧妙构思，每桌的客人拿着筷子比比画画，好像在论剑，因而大厅就叫"论剑堂"。菜式是实实在在的农家风味，既然是人在江湖，当然要遵循江湖规矩。风波庄没有菜单，只要像武林中人那样吆喝一声"小二，拿几样好菜"，庄主即根据"大侠们"的人数和口味安排菜式。如果吃得不满意，还可调换菜式，一切就像古时候一样随心所欲。玉龙戏珠、九阳神功、一桶江湖、紫霞神功、化骨绵掌……菜名带有明显的武林特征，听来好不过瘾。

图 6-18 风波庄主题餐厅设计

4. 利用事物或物体的残缺美进行陈设

岁月的沧桑所镌刻的历史的痕迹，精致与粗犷、自然与文明、和谐与撞击、外实内虚、阴阳结合，设计的最佳境界就是无设计。（如图 6-19 所示）

图 6-19 残缺美陈设计

5. 节假日陈设

如图 6-20 所示。

图 6-20 节假日陈设，根据不同的节日选择不同的题材搭配设计

（三）根据表达形式进行陈设

1. 写实的情景表达方式

化山川丘壑于方寸之间，以壁为纸、以石为绘，贝老的叠石理水，匠心独具，一幅

壮观的中国写实山水画，挨着四大奇石，却做得独具一格。（如图6-21所示）

图6-21　贝聿铭苏州博物馆的景观设计

例如，童话里的树上小木屋，完全按照故事情节，一成不变地再现童话故事，很多的时候，我们使用这种写实的表达方式，让人有"身临其境"之感。

2. 写意的情景表达方式

禅意风格，追求一种意境，写意的表现手法更崇尚自然、师法自然，在有限的空间范围内利用自然条件，模拟自然美景，将山水、植物、建筑有机地融为一体，使自然美与人工美统一起来，打造与大自然协调共生、天人合一的艺术综合体。（如图6-22所示）

图6-22　烟花小镇某店面设计

3. 抽象的表达方式

抽象表达方式是把设计元素简化成点线面的造型元素，表现形式美感。没有任何寓意的点线面造型，却给人现代、时尚、前卫之感，符合现代审美需求。抽象的表达方式是利用点的凝聚力、线的穿透力和视觉导向，以及面的承载与衬托，区别传统写实的表现手法。现代快节奏的都市生活中，运用这种抽象化点线面的表现形式，让人备感放松。（如图6-23所示）

图 6-23　现代风格客厅设计

4.意象与印象的表达方式

意象分为直接意象和间接意象。直接意象"来自过去经历的生活";间接意象分为明喻和暗喻。

希施金是俄罗斯巡回画派的著名风景派画家,很多人可能不能理解画面全是树木,究竟在表达什么,是看大树画的像不像,还是看大树能否成为栋梁之材?同样是一棵树,每个人的看法各不相同。在艺术家的眼里,松树代表画家本人,松树是没有感情的植物,却表达了"物我一体"的画家情感。艺术家通过风景表现人格,表达情操和理想。希施金是一个性格开朗、轻松活泼、坚毅不屈的人,所以他画的松树表现了一个坚定的人、一个有力量的人、一个不可征服的群体。(如图 6-24、图 6-25 所示)

图 6-24　烟花小镇某店面 Logo 设计（明喻的表现手法）

图 6-25　希施金的风景油画（暗喻的表现手法）

印象指的是诞生于 19 世纪的"印象派"强调色彩和光线给人的瞬间感受。通过追溯印象派对绘画艺术的历史性革新，分析光与色对传达物体表象的作用，探讨印象派对现代设计的深远影响。（如图 6-26 所示）

图 6-26　印象派画家莫奈的《日出》

5. 隐喻的表达方式

例如，缝线铆钉工艺新的表现形式源于英国沙发之母切斯特菲尔德；新型材料不锈钢材质的交椅，造型源于中国元代交椅。表面形式的背后蕴含着曾经的历史文化内涵和故事。

（四）利用设计风格进行陈设设计

设计风格可以归纳为中式风格（包括传统中式、新中式）、欧式风格（包括古希腊风格、古罗马风格、拜占庭风格、哥特式风格、巴洛克风格、洛可可风格、新古典主义时期风格）、折中主义、美式风格（包括殖民地风格、美式联邦风格、美式乡村风格）、田园风格（包括英式田园、法式田园）、地中海风格（包括托斯卡纳、普罗旺斯、西班牙、北非地中海）、东南亚风格、日式风格、现代风格、后现代风格、北欧风格、混搭风格。（如图 6-27 所示）

图 6-27 后现代风格家具设计

（五）利用色彩搭配法进行搭配设计

如调子搭配、对比色搭配、风格所属颜色搭配，如图 6-28、图 6-29 所示。

图 6-28 对比色补色搭配

图 6-29 绿色调搭配

（六）形态搭配法，运用相同的造型元素进行搭配

例如，图 6-30 中壁纸图案造型、灯饰枝形造型和家具椅子靠背的曲线造型做到了统一；地面材质颜色、椅子布艺颜色、壁纸花卉颜色与灯饰花卉颜色，以及灯饰的黄色、壁纸的黄色、桌面的黄色形成呼应。

图 6-30　形态搭配法餐厅设计

又如，图 6-31、图 6-32 造型元素全部以直线、曲线为造型，进行重复组合，做到形态统一。

图 6-31　全部以直线为造型元素的空间设计

图 6-32　全部以曲线为造型元素的空间设计

第三节　软装陈设设计表现形式

好的表现形式让客户拥有良好的体验，不好的软装配饰表现形式无法让客户体验设计完成之后的快感，所以软装配饰表现形式非常重要。表现形式有很多种，不同的设计阶段或不同的场合所运用的表现形式不一样，下面介绍几种不同的表现形式。

一、手绘快速表达

手绘又称"手绘快速表达"，即在较短的时间内，运用徒手绘制的方法随心所欲地表达设计理念和构思，向客户提供真实的三维视觉感受。手绘方法有一点透视、二点透视和多点透视，经常运用马克笔和彩铅着色，让效果图更加真实，材质更加明确。然而，手绘图与电脑效果图相比，真实感受较弱，修改较麻烦，所以手绘现在多用于创意表达和设计沟通，正规的投标过程中较少运用。（如图 6-33 所示）

图 6-33　手绘效果图 马克笔手绘

二、3D 效果图和 3D 全景效果图

3D 效果图和 3D 全景效果图，无论从真实性上还是材质与灯光上基本接近真实效果，是目前运用较多的一种表现形式。然而，配饰的品牌、规格、型号以及产品的更新换代，很难全部在 3D MAX 效果图中体现出来，所以其在硬装设计中运用较多，软装则用 PS，并搭配真实的图片或案例。（如图 6-34 所示）

图 6-34 3D MAX 表现 拉菲别墅设计方案

三、Photoshop

Photoshop 是一种图片格式的表现形式，可组建场景，也可把不同的饰品组织在一个空间内，以表现饰品组合之后的效果，但由于采用平面处理手法，场景看起来不如 3D MAX 真实，但产品是真实的。

不同的表现方式各有利弊。用什么形式表达并非最重要的，重要的是如何运用各种表现形式表达设计理念。表现是形式和手段，设计是灵魂和核心。（如图 6-35 所示）

图 6-35 Photoshop 表现

第七章　室内软装界面设计

第一节　平面语言与室内界面设计

一、平面与空间的视觉差异

平面是长、宽两个维度上的造型问题。室内界面设计中墙绘、墙纸等就是通过对二维界面的美化来改善空间。即便是时下流行的，绘制在界面上的三维立体画，也是局限在二维平面上，通过物体的大小、颜料的厚薄、颜色的冷暖等，给人们带来视觉上的空间感。空间相较于平面，多出了第三种维度，即高。它是通过界面等切实地在第三维度上产生距离，从而改变和优化空间。室内界面设计中的墙体改造、墙面造型、镂空隔断等都是通过改变界面、界面间的空间关系，来优化整个室内空间。虽然平面与空间有维度上的差异，但是由于人的视网膜所接收的外界环境的视觉讯息具有二维的特征，因此室内界面设计也要遵循平面构成的形式美法则，巧用平面语言来描绘空间之美。

二、室内空间中的界面认知

室内空间是由实体的界面围合而成的虚的形体。界面与界面之间不同的排列组合形式使得室内呈现不同的空间形态。离开了界面，空间则不复存在。室内空间中的界面包括顶面、侧面、底面。界面在空间中多以大的整面出现在人们的视野中，所以它在室内空间的风格营造中起着主导作用。虽然由于承重等原因，室内界面的空间位置改动空间不大，但是在装饰方面仍大有文章可做。通过平面语言，重新定义室内界面是一种性价比高而且极具个性化的设计手法。

顶面由于层高的关系，是整个室内空间中人们几乎不触及的界面，正是因为这种距离，使得顶面的造型在富有变化的同时，尽量不妨碍人们的日常活动。在室内空间施工时，为了节省空间，便于后期维护，水管、中央空调等通常布置在空间的顶部。所以在美化空间时，如何隐藏和规整这些设备设施就成了顶面设计的第一环节。

侧面是人在室内空间中最易关注到的界面，所以通常室内界面设计的重点会出现在墙面和隔断中，如企业形象墙、电视背景墙、玄关隔断等。墙体最主要的功能是空间垂直方向的承重结构，同时具有围合和分隔空间的作用。侧面设计的造型不宜占用过多地使用空间，在需要占用空间时可结合使用功能来节省空间。虽然侧面造型的凹凸尺度不宜过大，但是为了丰富界面，可以适当地运用多种材质进行搭配。

地面作为空间的基面，它承载着室内空间中一切物体，是人们接触最多的室内界面。因此在运用平面语言进行地面设计时，既要考虑视觉审美、注意材质的运用，还要避免给人的活动带来干扰和遮挡的造型。所以室内空间平铺木地板、地砖等比较常见。在划分功能区的时候，可以适当地运用抬高、下沉地面的方式突出重点。

三、室内界面中的平面设计语言

（一）点

界面中的点包括界面上的点状图形、各界面的交点、面或体的角点、一个范围的中心点等。点通常起到强调和活跃空间的视觉效果，也可以聚焦视线，构成空间的中心。说到点在空间中的应用，"波点女王"草间弥生与 LV 的合作项目值得一提。为了配合合作推出的波点元素的新品，该品牌在英国伦敦推出了波点元素的概念店面。当点元素在整个室内空间蔓延的时候，艺术家独特的艺术气质和所持有的艺术理念得以淋漓尽致的呈现。纯粹的点元素，经过排列组合、疏密关系的变化，使得展台与展台、地面与隔断构造等形成了有机联系，产生了强大的视觉冲击力。

（二）线

界面的线包括界面上的线形图案、界面的边缘、交接处的线脚等。由于线有长度所以它本身具有延伸感，在空间中通常营造方向感和动态感。位于长沙的 Juicy 餐厅，各界面大量地采用水泥型瓦板，材质本身所具有的曲线、直线成了整个空间重要的视觉元素。

（三）面

界面中的面包括各界面本身以及相交面。由于面是整个空间中面积相对最大的，所以有着点和线无法取代的视觉整体感，是空间中奠定风格和色调的主要媒介。法国艺术家 Olivier Ratsi 所做的声光装置艺术 Echolyse 项目对室内界面设计具有启发作用。该项目通过投影技术，让简单的面元素重新定义原本的室内空间。在一个固定角度，投影投射的形状呈规整的几何形态的面，看似是在同一平面上。但从其他角度来看，完整的形被打破，边线随着空间的起伏产生变化，形成拉伸或扭曲过的面。这个时候会发现，原以为是一条直线的边线，实际上在不同的界面上，从而给人们带来了奇特的视觉体验。

（四）图形

在空间营造时，为了体现更浓郁的风格属性，设计师通常会将极具代表性的图形元素运用在室内界面中。图形相较于文字信息更为通俗易懂，可以跨越国家、民族、语言的障碍。室内界面设计中图形的应用，大致可以分为三类：企业标志图形应用于企业形象墙界面的设计中，如 Kixeyed 的 LOGO——被放大成一只 2.3 米高、程式化的单眼独角兽，应用于其总部的形象墙上；与空间设计风格相符合的图形纹样，如中式空间中的回纹壁纸、祥云纹样的木质隔断等；具有导示性、功能性的图形标识，如公共空间的卫生间门上用于区分男女的图形。

（五）色彩

色彩是平面语言中最具表现力、最直观的设计元素，是人们对一个空间的第一印象最主要的影响因素。面状的色块用于定主色调，线的颜色通常起着区分和丰富层次的作用，点的色彩则起着画龙点睛的点缀作用。通过颜色的差异，可以很好地区分不同的空间分区并打造视觉中心。Onefootball 是一款为全球球迷提供最新动向的手机 App，其公司总部由 TKEZ Architects 建筑事务所设计而成。这个由旧厂房改造的室内空间被打造成一个足球主题的"公园"。绿色的跑道、绿色的形象墙、橙色的座椅为灰白主色调的空间带来了一抹轻松活泼的色彩，为工作人员提供了调节视觉疲劳的媒介。

（六）文字

文字出现在室内空间中，通常分为可阅读文字和不可阅读文字两类。可阅读文字通常具有一定的功能性，用于传达准确的信息。不可阅读的文字，一般是强调文字的形式感，将文字作为视觉符号通过概括、夸张等方式提升空间的形式美感和趣味性。室内空间中可阅读的文字通常是出于导视系统的功能需求，常出现在形象墙和导视牌上。而不可阅读的文字，通常把字体作为一个图形符号应用于空间中，如夸张放大成不可识别的涂鸦式的墙体文字；字符作为单一元素，组合成一个不具备连贯性、可读性图形样式。

四、平面语言在空间界面设计中应用案例

室内设计是将建筑设计所提供的室内空间进一步优化的过程，其目的是根据不同客户的具体需求，打造更为适用的室内空间。随着各学科之间交流的不断加深，学科

与学科间的界限日渐淡化。平面与空间结合的模式，已然成了平面设计与室内设计领域的发展趋势。富有形式美感的平面语言，为室内空间注入了新的血液。新技术、新材料使得这些形式感有了更好、更新颖的诠释方式。

虽然国内室内设计行业不断发展但仍然不容乐观。常因为各专业之间缺乏良好的沟通，导致最终呈现的结构空间协调性不足，容易出现建筑师、室内设计师、景观设计师"三不管"的弊端。而且国内室内设计行业的门槛较低，很多从业的室内设计师，对于设计没有系统的学习经历，对于构成的相关理论的掌握程度和构成形式的训练远远不够。在进行设计工作时，常盲从时下流行的设计风格，过于注重装饰性，而忽略对空间实用性的设计；雷同的案例大量存在，缺乏创新。因此为了提升室内空间的设计感，室内设计师必须巩固构成基础，开拓设计思路，掌握更多的设计表现手法；加强与各专业的交流合作，从不同视角分析研究室内空间，得到最优的设计方案。

在室内空间中，灯具可以满足人们对于照度的功能性需求，但是人在心理上还是少不了对自然光照的需求。所以，界面的透明化设计是有其实用价值的。设计师可结合功能性、美观性、舒适性的基本需求和客户的实际需求，拆除一部分分割空间的界面，也可以采用透明界面，如玻璃、薄纱等界面来丰富空间界面。透明界面既能给人带来视觉感官上的开放性也具有功能上的封闭性。Nendo 事务所办公室设计的亮点就在于其用来分隔空间的界面设计。整个室内的空间分隔界面没有采用常规的轻质隔墙、门、窗等，而是采用具有"陷落"感的实木隔板。界面中的门则由环保塑料隔音卷帘来满足其功能性，既隔音、透光，又保证了一定的私密性。由 Haldane Martin 设计的新商铺展厅的设计亮点则是好似太阳光线的黄色线性装置，它在空间中形成一个透光的软性界面，既不阻隔视线和光线，又起到了分隔空间的作用，这与设计师"晴天房子"的设计灵感相契合。

随着社会的发展，人们的审美需求不断提升，壁画在运用于室内界面设计中时，有了更为丰富的形式。相较之前单一的绘制形式，由于新材料的运用，出现了手工画、手绘画、墙贴画、装饰画等多种形式。随着人们生活水平的提高，客户不再盲从固有的设计风格，有了更为个性化的视觉需求。这也推动了室内界面设计的发展，使之不仅仅局限于单一界面的孤立设计，越来越多个性化设计案例突破了界面的区分，通过平面语言融合成统一的连续性界面。以泽米克工作室设计的《艺术商店09》为例，在该方案的室内界面设计时，设计师运用了单一的具有指向性的箭头图形，将顶面、侧面、底面统一成连续性的有机整体，而非有明显区分的独立界面。箭头图形，作为视觉中的点元素，通过疏密变化，打造出既有美观性又因其指向性具有室内空间导向的功能性。

科技的不断创新和发展，为室内界面设计提供了更多的可能性。计算机辅助设计便于设计师打破常规，创造出超前的空间样式，同时能更为精确地完善设计方案，将设计误差降至最低，减少施工成本。Geometrix Design 设计公司设计的黑白卧室就应用了参数化设计，使得电视背景墙与储物架打破常规通过富有韵律美感的曲线木板连接成一个整体。塞尔维亚的玛吉科咖啡馆运用了 REG LED（Red Green Blue Light Emitting Diode，三色混光二极管）面板，使得室内空间界面可以适时变换颜色。在顾客入店消费的过程中，富有美感的线条和精彩变换的颜色，可以带给客户强烈的视觉刺激。窗户的形状不再是规整的矩形而是富有变化的曲线围合形态。Die Baupiloten 事务所通过对空间结构进行改造，应用声学、光学、潜望镜原理等，为 Carl Bolle 全日制学校打造了一个具有复杂光线和空间形式的室内空间。学校入口的界面，一面纯白，一面色彩斑斓，呈现出两种面貌。不仅如此，界面中还暗藏了压力感应，当人来到此处，内置压力感应会启动 MP3 播放器，从而发出美妙的音符，以此增强界面与人的互动性。

目前我国室内界面设计的设计方法比较单一，尤其是家装中的界面设计，常常局限于墙体改造、贴壁纸、石膏线收边等常规传统的装饰手法。本节通过分析有代表性的室内界面设计案例，探究了平面语言介入空间后，室内界面设计的设计方法的丰富性。为室内设计师提供了更多的设计思路和表现形式，有利于进一步优化室内空间，提升空间品质，提供更为优质的视觉体验。

第二节　形式美法则与室内界面设计

室内界面设计是室内设计的组成部分，虽然属于室内设计的范畴，而界面设计却有着独特性和功能性。设计师在实施室内界面设计时要借鉴和应用形式美法则，将形式美法则与界面设计有机结合，才能创造出更具审美情趣的室内空间。从室内界面设计与形式美法则入手，探讨了室内界面设计中有关构成元素对形式美法则的表达与影响。

室内界面设计是跟随着时代前进步伐而问世的，是专门服务于室内环境设计与研究的一门学科。其重要内容是以建筑物使用属性、周围环境以及使用者的基本要求为依据，结合建筑美学、室内设计原理等理论与方法，设计出集审美功能、实用功能为一体的室内界面，满足人的审美需要和生活需求。其形式美法则是在人们探索、追求美的意蕴和品味中得到的审美共识，直至被应用于人的生存、生活空间以及所有的造型设计领域。

一、室内界面设计与形式美法则

（一）室内界面设计

室内界面设计是一种基于建筑设计而高于建筑设计的二次设计，室内界面设计相对于建筑设计而言，其对视觉、触觉有着更高的要求，设计师在设计时，一方面要考虑室内空间的艺术处理，另一方面还必须兼顾使用者的生理、心理和对功能的需求。设计师在室内界面设计中最应该关注的问题是在有限的设计范畴中将审美艺术和实用功能完美结合并表达出来，让室内界面充满着个性、品味和特色。

（二）形式美法则

（1）适度原则。"度"是万事万物都所具有的原则之一，室内界面设计同样要求"适度"，这涉及两个方面的内容，即必须满足使用者的生理适度以及心理适度。

所谓的"生理适度"，是指在进行室内设计时要结合室内的体积、格局、尺度与使用者的人数、生活习惯这两个方面的内容而所产生的设计规范。"在室内设计中，从人体的尺寸、比例和活动范围的方式入手，经过测量，找出数据，确定适度的法则，然后制约于空间的高度，家具的尺寸，日用品的触感及各种功能要求，来实现审美主体人的生理适度美感。"其次才是"心理适度"。在室内界面满足生理适度之后，还应该考虑心理方面的适度，也就是要研究室内界面设计对使用者心理的作用与影响。为了满足生理适度与心理适度的要求，室内界面设计师要以适度原则为指导，仔细、认真进行方案的设计与调整，最终获得室内界面设计的适度之美。

（2）调和与对比原则。"调和原则"是室内界面设计形成自我风格的重要手段之一，研究目前业界所能接受而被认可的设计风格，基本上都是界面形态、家具配置和色彩处理等被一致调和而所呈现的效果，因此设计师在实施室内界面设计时必须严格恪守这些原则，以免造成使用者视觉上的零乱与混乱。但值得提及的是，如果过分注意、强调以上因素，就有可能造成视觉的单调、乏味，经过这样的认真处理，"对比原则"便被凸显出来。对比是差异性对视觉的冲击，是调和原则的对立面。对比也是室内设计师最常使用的设计表现手法。通过对比，可以对人的视觉感官造成强烈刺激，并影响其情绪的波动。在室内界面设计中应用对比原则是要将界面的造型、颜色、光线等通过设计使多层次的组合、排列重新受到建构，突出要点元素而形成对比的效果。一方面打破了调和原则所造成的单调乏味感；另一方面还可以借助调和原则的灵活应用，突出室内界面设计的中心与重点。

（3）对称与均衡原则。"对称"也就是"均齐"。对称一直都是室内设计的传统原则之一。在传统建筑中使用对称，可以给建筑营造出一种厚重、严谨的感觉，在中国封建社会，这一原则始终被广泛应用。"均衡"则是相对于对称的一种原则。相比于对称图形的对称轴或者中心，均衡图形较为散射，只是重心比较稳定。均衡就是一种视觉平衡，即便是动态、变幻也颇能让人感觉舒适，所以具有生机之美。

（4）节奏与韵律原则。"节奏"引人遐想、富有深意，视觉上的节奏主要依托于表现体的色彩以及形态的周期性变化而显现。如果将节奏看作是点与直线的排列，是一种铿锵作响的意象，那么"韵律"就是一种曲线美，是一种或狂野或宁静的意象。相对于节奏，韵律较为多样化，表现相同或者相近形态间存在着的一种恒定而有序的变幻关系。将节奏与韵律原则结合使用，不仅可以增加室内设计的美感，同时还可以赋予设计以深刻的内涵，在变幻之中实现整体的统一与和谐。

二、室内界面设计中构成元素对形式美法则的表达

"室内界面"是指室内空间环境中对空间的分割、限定的层面，天花板、地板、墙面和隔断等都属于室内界面的范畴。室内界面发展至今，因为设计手段与方法的灵活多变，以及始终没有形成固定的模式，所以相关的定义还有待完善。但从构成学的原理出发，基本上可以将这些设计手法归纳入点、线、面和体的艺术处理中。

（一）点

"在室内设计中，作为视觉元素之一，点具有可视特征，如点光源、小五金配件等。相对而言，较小的形都可视为点形态。"相比于其他，点可以轻易地吸引人的视线。对点的正确应用，可以在很大程度上实现室内环境的韵律与动态性。根据点在室内界面设计中的规律，可以将其分为两种，即单点应用与复点应用。首先是"单点应用"。点以单独体出现时，一般是静止的、向心的。在设计室内环境时，对单个点的使用，可以有效地打破室内界面平淡、单调的布局，借助单点装饰，增强室内界面的表现力。其次是"复点应用"。复点应用是单点的集合，通过点组成图形或图像。在室内界面设计中，复点的效果通常是以组合的形式呈现的。比如，呈现出矩形状态的重复单点，就具有对称、韵律的特性。

（二）线

在室内空间设计领域，长度大于宽度三倍的材料称之为"线"，如踢脚线。线由于特殊的长宽比，呈现出狭长状的形态。线在室内界面设计中特别常见：界面的边界、转折等处都会不同程度地出现线形态，如直线、曲线和不规则线条。直线在室内界面设计中最为常见，通过设计师的巧妙构思，将直线的形态和方向进行规划，使直线设计富有张力，如水平直线平稳、安定，而垂直线则是挺拔、有力。不规则线条与直线的设计效果截然不同，活泼、生动、轻快是不规则线条的表现特点之一。在设计中应

用不规则线条，一方面可以避免直线设计带来的生硬；另一方面还可以借助不规则线条的表现特征，赋予室内空间以生机。在界面设计中，由于不同线条的应用都会给室内空间带来不一样的视觉效果，但必须注意的是，在应用线元素时，一定要充分考虑线条的材质、色彩以及尺度等问题，以避免界面设计的失调、失衡。"对于小尺度的封闭空间，墙面用间隔小的线条进行划分，划分成若干个小面，或者选择小体量装饰物品和细纹理来布置设计，给人以宽大的空间感受；反之，大尺度封闭空间则用间隔大的线条划分，营造一种亲切空间尺度感。"

（三）面

"面"在几何学上，是线在同一平面上移动之后所包含的区域，这样的定义使面有长宽而无厚度。与点、线相比较，面有强烈的幅度感。面是界面设计中被广泛应用的元素，墙面、地面、天花板都可以被视为"面"，面不仅装饰灵活并且富于变化。在界面设计中科学地应用面元素，是改变层面与空间关系以及丰富界面效果的重要手段之一。当然无论哪一种形式的面，都必须借助建筑装饰材料予以展现，而"对材料的运用，要充分了解材料原有的肌理元素；同时，也要了解材料的加工性能及其创造的新肌理。界面使用的材料直接影响着空间视觉感，粗纹理朴实大方，细纹理轻巧细腻。而装饰材料的选用同样须遵循形式美法则，根据空间的实际情况来确定天然材料"。在应用面元素时，一定要注意方法，才能真正地赋予面元素以性格和内涵。面元素的主要表现方式是排列，以不同形式排列的面呈现的效果是不完全相同的，而排列有两种方式，一是规则的排列，体现的是整齐与对称；二是自由的排列，讲求天马行空与不拘一格，但自由排列也需要讲究视觉上的平衡，总之就是要在自由中追求和谐之美。

（四）体

相对于二维空间的面，"体"主要存在于三维空间之中，体元素需要欣赏者从不同的角度观察、体味，然后将这些角度的视觉形象进行叠加，综合出自身对这一物体的感觉。在室内界面设计中，体的处理方法主要是"凹凸对比"或者是"错落对比"，如立体灯具、凸起的天花板等。同时还可以利用界面的扭转，"一条线或二维的面，围绕一条三维轴线或一个点做规则的旋转，得到一个三维扭转的曲面，由于轴心的作用，使扭曲的面产生受力的视觉感受，具有一种向心性或万向透视感，加强了空间的凝聚力，增加了空间的动势"。

室内界面设计的对象是建筑室内环境，其设计效果直接关系着使用者的生理与心理感受，所以人文关怀理念便成了设计师在实施室内界面设计时必须遵守的原则之一，科学运用建筑美学原理，打造舒适宜人的室内环境，是室内界面设计的重要目标。

第三节　室内顶界面设计要点

室内界面是指围合空间的各个实体面，通常所指的三大面分别指顶界面（空间的顶部，平顶或吊顶）、侧界面（空间四周的墙、隔断、柱廊等）、底界面（空间的下部的楼地面）。室内界面是室内设计中的要点，是确定室内风格的重要元素，本节拟就室内顶界面设计要点进行简要总结。

一、顶界面的设计形式

顶界面的装饰设计首先要考虑顶界面的设计形式，总体来讲可以分为两类，一类是暴露结构式，另一类是吊顶类。

暴露结构式顶棚一般是指在原土建结构顶棚基础上加以修饰得到的顶棚形式，这类顶棚的主要设计手法有：第一种是顶棚大跨度结构体系，钢结构球形网架式，这类顶棚施工较为复杂，具有现代感，特别适合在一些大场合运用，如体育馆、商场等。第二种是暴露各种管线、设备，做一些简单的修饰，经济实用，体现工业美，如餐饮空间和设计公司等。第三种是木结构体系中的坡屋顶木做顶棚。

吊顶类顶棚的设计形式较为丰富一些，常用的有平顶式、灯井式、悬吊式、韵律式等。

平顶式和灯井式顶棚是最常见的顶棚形式，平顶式构造单一、施工方便、简洁大方、整体感觉明快，适用于办公空间、教学空间等；而灯井式顶棚是指顶棚局部标高升高产生的顶棚形式，局部升高面常布置灯具，这种顶棚有一定的装饰性和空间分隔的作用，常用在家居空间、宾馆等需要一定装饰效果的场合；悬吊式顶棚指顶棚吊顶局部棚高降低的顶棚形式，可以起到划分空间的作用，如酒吧台上方局部吊顶降低限定出吧台的范围，或者常见的一些建筑沙盘上部空间采用悬吊式顶棚的形式；韵律式顶棚根据所呈现出的不同的韵律形式，可分为井格式、格栅式、散点式和悬浮式等。井格式顶棚主要是指建筑原有结构呈现出井字梁的结构而形成的韵律方式；而格栅式是指采用龙骨和木格栅或金属格栅片进行安装形成的吊顶形式，广泛应用于餐饮空间等有装饰要求的公共场合；而散点式和悬浮式主要是指一些大空间采用灯具或吊顶形式的有序排列形成的韵律方式，如人民大会堂的礼堂顶棚以五星灯为中心，周围纵横分布着 500 盏满天星灯，体现了"水天一色，浑然一体"的设计思想。

二、顶界面的材料选择

顶界面的材料可以分为维护材料和饰面材料两类。

常用的维护材料有纸面石膏板和木板材两类。石膏板是顶棚最常用的维护材料，具有防火性好、便于施工安装、质量轻、造价低等诸多优点。木板材常见的有纤维板、胶合板、细木工板等。纤维板是由木质纤维加压热压而成的，板材质量较差。胶合板是由实木单板、薄板贴胶热压而成的，根据胶合层数可以分为三合板、五合板、七合板等。这种板材较薄，而且具有一定的弯曲性能，所以常在顶棚做造型时采用；细木工板是在两片单板中间粘压拼接实木板而成的，其平整度好，板材质量也是最高的。但是，木板材与石膏板相比还有一些缺点，如防火性能差、质量较重等，目前已较少采用。

在安装好维护材料后，需要对吊顶进行修饰，将其做成饰面，常见的饰面材料有涂料类、裱糊类和板材类。涂料类是最常见的材料，轻钢龙骨纸面石膏板吊顶刮白罩白色乳胶漆是现在最常用的手法，将其直接做成饰面。乳胶漆具有造价低、施工方便等优点，被广泛采用。裱糊类主要是指贴壁纸，这种方法在壁面装修中运用较多，而在顶棚裱糊施工则难度较大，一般适合小面积使用。板材类是指采用金属板或者木板材形成的顶棚形式，通常要结合木龙骨或者轻钢龙骨将其直接拼接安装在龙骨上形成饰面。

三、顶界面的施工技术

轻钢龙骨纸面石膏板吊顶施工技术。现在最常见的吊顶是轻钢龙骨、石膏板吊顶，按施工工艺的不同可分为暗龙骨吊顶和明龙骨吊顶。明龙骨吊顶和暗龙骨吊顶的施工步骤相近，明龙骨吊顶只是最后将面板搁于龙骨上或嵌插在龙骨上，暴露出骨架。这里重点介绍暗龙骨吊顶。

施工环境要求：

1.施工前，应首先熟悉施工图纸，详细阅读设计说明，了解设计师想表达的设计意图。

2.在充分熟悉图纸后，按设计师的要求对房间净空标高、洞口标高、吊顶内管道设备及支架标高进行交接检验。

3.对吊顶内管道设备的安装及水管试压进行验收，对给水管道应进行打压测试，电线要拿电板测试畅通合格，电线要始终高于给水管道。

对进场材料进行检验和复验：

1.要对人造板材、胶粘剂的甲醛和苯的含量进行复验。

2. 对吊顶中的预埋件钢筋吊杆、型钢吊杆进行防锈处理，对木吊杆进行防火处理。

暗龙骨吊顶施工工艺。首先进行放线，找到吊点的位置，吊点间距为 900~1200 mm。用膨胀螺栓固定角钢，然后焊接吊杆，吊主龙骨。主龙骨要求从中间向两边分，间距 ≯ 1000 mm，平行于房间的长向布置，并按设计要求起拱，沿短跨的起拱高度为 1/200~1/300。主龙骨安装完毕进行次龙骨的安装，次龙骨间距一般控制为 600 mm（这符合石膏板的模数 1200 mm × 2400 mm），当吊顶荷载过大时，可控制为 300 mm。最后进行封面板，石膏板的长边一定要控制在次龙骨上，石膏板由中间向四周固定，这样可以使石膏板的应力均匀分散，避免扭曲变形。固定好面板后，板缝之间要进行补缝，然后粘贴上防裂绷带，打腻子找平，然后罩乳胶漆。

细部处理及吊顶常见问题：

1. 沿墙四周的龙骨称为边龙骨，L 形边龙骨要与主体结构固定，次龙骨搭在边龙骨上，再进行封石膏板。

2. 主龙骨长度过长（长度 >15 m）时要加大龙骨，大龙骨与主龙骨垂直焊接牢固，每隔 15 m 要加一道大龙骨，防止主龙骨过长而发生变形。

3. 主龙骨在吊顶端部悬挑距离应 ≯ 300 mm，超过 300 mm 时会造成变形过大，否则应增加吊杆。

4. 施工完成后，如果在次龙骨板与板的接缝处出现大量开裂，要检查板与板之间是否未留缝隙。若整个吊顶出现均匀的弯曲变形，应检查是否未按设计要求起拱，或者吊杆的间距是否过大；如果石膏板固定后出现扭曲变形，应检查在固定石膏板时是否由中间向四周固定。

轻钢龙骨铝扣板吊顶施工技术。人们经常用水的房间一般应采用防水吊顶，如铝塑板或铝扣板吊顶。铝扣板的施工方法与轻钢龙骨纸面石膏板吊顶有很多相似之处。

弹线。弹线方法与轻钢龙骨纸面石膏板相同，先弹出吊顶水平标高线，再弹出龙骨位置线和吊杆悬挂点。吊顶水平标高线一般指吊顶高度，安装吊顶一般是在墙砖铺贴完成后进行，所以水平砖缝可代替水平基准线向上反，水平标高线的位置是否准确直接关系着吊顶的平整度，关系着施工质量。龙骨和吊杆的位置线要直接弹到天花板上，龙骨的间距一般 ≯ 1 000 mm，吊点的间距一般 ≯ 1 200 mm。

吊点打孔和安装边龙骨。在吊杆悬挂点的位置进行打孔，吊点孔眼要钻垂直，深度要略长于膨胀螺栓。边龙骨的安装较为简单，在龙骨和墙面上抹胶粘贴即可，胶应干透再粘，并轻轻敲打保证安装牢固。

安装吊杆和主龙骨。吊杆下料前，要量一下天花板到边龙骨的距离，以此距离定为下料尺寸。吊杆固定应旋转膨胀螺栓使之胀开，做到稳固且垂直。吊杆固定牢固后，首先安装好主龙骨的吊挂件，然后再将主龙骨与吊挂件进行连接固定。拧紧吊挂件上的螺丝，使之稳固。

安装三角龙骨。采用与三角龙骨配套的连接件与主龙骨固定，然后将三角龙骨卡在与之配套的连接件上。

安装铝扣板。安装铝扣板时，在装配面积的中间位置垂直于次龙骨方向拉一条基准线，对齐基准线由中间向两边安装。安装时需轻拿轻放，必须顺着翻边部位的顺序将方板两边轻压，卡进龙骨后再推紧。另外，要留好灯具的位置，最后安装灯具。

铝扣板板面清理。铝扣板安装完成后，需用抹布把板面擦洗干净，不得有污物及手印等。也可采用密封胶封边角处，起到加固和防水的作用。

室内顶界面是室内三大界面之一，顶界面设计的好坏对于整个房间的设计风格和空间划分起着重要作用。以上是笔者对室内顶界面设计形式和施工做法的一些总结，相信随着装饰材料的不断更新和装饰工艺的不断改进，顶界面的装饰形式也将发生日新月异的变化。

第四节　公共空间室内界面模糊化的设计

公共空间室内界面的丰富设计手法的运用，在各类公共空间效果塑造中起着重要作用，公共空间室内界面模糊化的设计手法运用，更是为室内设计效果增添了更加丰富生动的各种可能性。公共空间室内界面模糊化设计是界面设计的一种特殊手法，反映出人类快速发展的精神文明和文化思想。模糊化界面的设计效果也影响着人们的物质和文化生活以及生活方式，它反映了人们的爱好和社会时代背景。在室内界面模糊化的设计中，可运用当代丰富的设计手法来实现，如对室内模糊化界面的形体、颜色、材质肌理、图形、照明、家具等因素的合理运用，可以塑造出独特的公共空间效果。同时，这些丰富的设计手法，更能增加空间中人们的互动关系，使空间充满灵动感，并赋予空间美好的情感。

一、几何形体、自由形态的灵活运用

几何学是各领域艺术家在作品创造中的最基本技能和手段，如在绘画作品中，擅长运用几何图形的是由立体画派衍生而来的几何抽象画派，代表人物是著名画家彼埃·蒙德里安。几何形体的造型设计手法颇受造型艺术家青睐，不仅仅是在绘画艺术中，在公共空间设计中也可以常常看到几何图形的运用。在公共空间室内中的运用，就不仅是局限二维的几何图形，还可以表现为几何形体。在几何形体设计中，最基本的构成造型是块，块主要有球体、圆柱体、方柱体、圆锥体、方锥体等形体。在公共空间室内界面设计中，这些几何形体可以运用单体，多个几何形态组合、减缺等可以营造各种不同的视觉效果。在室内设计的实际案例中，可以找到大量几何形体的运用。

几何形体在公共空间室内界面模糊化设计中，运用最为频繁的是立方体、三角体和柱体，这几种几何形体在进行重新组合时，施工最为方便，并且在公共空间室内中具有较强的可操作性，这些几何形体的单体、组合、变形，可使形态效果百般变化。在实际方案中，大量的案例都运用了夸张的几何形体构成，可以使空间产生美的感受，满足人们新的审美需求，并强化了空间效果。

几何形体适用于各类公共空间设计，也给公共空间带来了不同的空间体验。室内设计的最终目的，大多是为了室内的主要人群在活动中能够满足审美要求，使人们视觉上有美的享受。几何形体在室内界面中的夸张运用，可以使人们在空间中一步一景，更换角度就会有更多的形体视觉效果和新的感受。虽然几何形体设计手法在公共空间室内中的运用，会给空间产生难以利用的死角，但是我们只要精心设计，把这些空间合理地利用起来，也会给空间效果加分，并且会使空间设计效果更丰富，更具有新颖、个性特点。

自由形态中的自由曲面，比平整的面具有更强承受外力的能力，并且曲面形态较新颖，成为现代室内设计风格特征的代表。自由形态的形式更加多样化，在室内运用通常给人的感觉是自由优美、随意自然、动态活泼、淳朴亲切。它像雕塑一样创造着空间的曲线，使整个空间的地面、墙面和顶面无痕地连接在一起，形成空间的流线有机形态，同时这样的空间更具运动感和流动性。这种设计手法争相被设计师运用在室内界面设计中，营造各种开放的、多样化的室内界面形态效果。这种新的设计语言，在公共空间室内界面模糊化设计中展现其独特的艺术魅力。在很多优秀的室内作品中，都体现着人们对自由形态空间的感受和再创造。

二、色彩图形元素的视觉传达

色彩图形元素在公共空间中给人较强的第一印象，也是吸引人们注意和记忆的主要手段之一。在视觉传达中，起着主要的作用，同时不受时空、地域和民族文化的限制，具有国际性。在大量的国内外优秀室内设计作品的分析中，可以看到色彩图形元素在公共空间室内界面模糊化设计中有着重要的作用，它善于调和人们在公共空间室内中的各类矛盾和心理效应，有着其他空间设计要素难以替代的重要作用。

在公共空间室内界面模糊化设计中，它可以较为直接和有效地反映人们在空间中的感情需求。室内界面的模糊化处理中的色彩图形设计，通常是利用平面设计中的设计语言，表现在四维的空间艺术中。色彩的呼应、图案的延伸等多种方式，对室内界面做出虚化、界限弱化处理，并在空间中强调统一的设计理念。色彩图形元素在空间表达界面模糊化时，按照在色彩图案在空间中的面积比例来分，可分为色彩图形在空间局部运用和整个空间中的运用两类。将室内界面运用整体的色彩和图形高度统一化的处理，使公共空间界面呈现模糊的状态，是公共空间室内界面模糊化设计中常用的手法，我们不难找到这种手法在模糊化界面设计中运用的优秀案例。

色彩图形设计运用在整体公共空间，将给空间带来更强的视觉冲击力。平面设计中的色彩图形图案在室内设计中运用，并不新鲜，但大部分仅仅是为了烘托公共空间室内的某种氛围，并没有把平面设计转化为空间立体设计，来体现空间感。

在公共空间室内界面模糊化设计中，为了增加空间的新奇性、趣味性，大多会用到图形设计手法。在公共空间设计中，结合功能分区和家具设计，将令人惊奇的设计展现在立体空间中来，并加入色彩处理，将界面和界面之间、界面与家具之间连接起来，表达某种空间独特新奇的空间主题，并给人们带来全新的视觉体验。

室内设计发展到当代，瓦解了室内与界面的主从关系，室内界面有了更多更独立的发展空间。界面设计手法，从二维的连续，发展到当今有技术支撑的三维连续性设计，并且人们通过拓扑原理和计算机立体效果辅助技术等手段，能够完成造型特异的三维变形界面设计。多样化的界面形式出现，使公共空间室内中出现了大量形态复杂的空间设计。

第五节　室内空间竖向界面的适老化设计

本节针对中国老龄化加速的国情，结合"竖向界面"的内涵和特征，分析老年人所处的室内空间环境，从生理和心理角度出发探讨室内空间"竖向界面"的适老化设计具体措施。

随着我国平均预期寿命的提高，老龄化程度的加剧，高龄者已经成为我国较庞大的人口组成。据统计到2050年，中国每四个人中就有一个是老年人。研究室内空间"竖向界面"的适老化设计，为老年人创造一个舒适、安全、易达、具有亲情的生活空间，对社会的稳定、国家财政节约、减轻年轻人负担等方面都有深远意义。

一、室内空间的现状特点

调查结果显示，大批二十世纪八九十年代的砖混结构建筑，承重墙较多，墙体不能随意拆除改进，格局呆板，空间布局单一，功能混杂，很少考虑到老年人的使用需求。而近年来新开发的项目片面追求立面的新奇和风格的彰显，忽略了室内空间的适老化设计，不能满足人们随着年龄变化对室内环境的可变性要求。

根据适老化和可持续设计的原则,我们应该重视室内空间的"竖向界面"设计。

二、竖向界面的概念

竖向界面包含墙、门、窗、屏风、遮帘、家具等竖直方向上的各种建筑构件,是我们限定空间的基本部件,它具有分隔、围合、展示和承重等多重功能,可用来控制房间的大小及形状,限制人们的行为,并在视觉和听觉上营造围护感和私密性。此外,竖向界面的形式表征及组合方式还能为空间注入情感,带给人不同的心理感受。因此,在进行适老化室内设计时,除了满足使用功能和通行要求以外,还需要重视竖向界面的适老化设计,满足老年人的情感需求。

三、室内空间竖向界面的适老化设计

感知性。人通过听、闻、看、触等方式得到对竖向界面的不同感知,不同的感知令我们对环境的评价和判断也不尽相同。老年人对于居室内的光照度及舒适性的要求较高,但身体机能减退,感知能力减弱,为了提高老年人的感知能力,营造适宜的室内的光环境,让老年人更多地享受到自然光非常重要。竖向界面借助玻璃或镜面等一些具有反射功能的材料到将室外光线引向室内深处,丰富和扩大心理空间,使各个空间能够在视线上互相照应,方便老年人透过镜面观察到周边的情况,相互察觉到对方,带来心理上的安全感。

遮挡与暗示。凯文·林奇在《总体设计》一书中提出:"空间可由不透明的障碍物去封闭,也可由半透明的或间断的墙面加以封闭。空间限定物与其说是视觉的终止,不如看作视觉的暗示,想象的延伸。"特定形式的竖向界面营造出充满联想,产生精神的共鸣的室内空间有助于延缓老年人记忆力的减退。例如,在墙上设置孔洞在形成丰富光影效果的同时,也可以唤起老人对往昔的回忆,产生心灵的共鸣,这种内在的情感产生使得空间具有深刻意义。

联系与分隔。老年人身体机能下降,创造通达的空间,合理地规划行走路线,加强不同空间的视觉联系成为设计的重点,我们可以通过在不同空间的竖向界面开窗口或者开门洞的方式来达到。例如,在厨房的竖向界面上开设窗口,方便食物传递到餐桌,加强起居室、厨房与餐厅之间的视觉联系。还可以在卫生间与卧室及公共活动空间设计洄游路线使得空间更加通达,缩短老人的行走路线,避免老人在起夜如厕时穿过较多的空间而着凉。

过渡与渗透。随着年龄的增大,老年人收藏的物品越来越多,这些物品往往饱含着他们对往昔的回忆。然而,物品的堆积容易造成室内的凌乱和空间使用的不便,因此,我们在进行室内设计时尽可能地避免用实体墙来分隔空间,而是依据老人的需求,采用灵活多样的竖向界面对空间进行分隔，如利用活动的推拉门、可移动或可拆卸式墙体、收放自如的屏风、可移动的柜子、遮帘等具有分隔空间、遮挡视线、增强私密性的载体，将不同的空间进行功能弹性转变，使相邻空间得以互相渗透，集围闭和开敞的优势于一体。

此外，竖向界面还可以利用植物、水体等来划分空间，集装饰和环境过渡于一体。这种设计方式不仅能使造型、色彩、光线以相互透叠的方式产生特殊效果，还可以使空间变得丰富和充满情感，使老年人身处大空间范围能感受到极具自然气息的虚拟小空间的存在，调和心情。

目前，我国室内空间的可持续设计和适老化改造相对比较落后，在老龄化程度不断加剧的今天，优化室内空间的竖向界面，塑造人性化空间，节约不必要的浪费。这是对室内空间进行整合和适老化改造的积极措施，也是提高老年人的生活质量、共建和谐社会的必然要求。

第六节　"界面"中探寻建筑与室内设计

空间的意义在于营建供人们使用的功能性场所，界面的围合构成了空间形成的物质基础。作为空间形成的重要手段，界面是产生空间功效的主要元素。从空间形态角度出发，界面属于建筑学的范畴，在建筑设计中界面的样式产生了空间的第一样态。当进入室内设计领域之后，界面所产生的空间感觉及这种感觉的深层次营造，构成了室内设计的核心。界面的空间效果取决于界面层次的构建方式与限定方法，这既表现在历史与现代建筑空间形成上的差异，也从室内空间的营造上，对建筑设计进行了新的形式意义表述。

一、界面的物性

赫伯特·亚历山大·西蒙（Herbert Alexanders Simon）指出，设计是把握人工建造的内部环境与自然形成的外部环境接合的学科，这种接合是围绕人来进行的。所以，设计的目的是建造环境之间的隔离，界面则作为设计对象的"物"，既营造了人们需要的环境，又对空间的使用主体"人"达成了服务的目的。界面包含着实体、信息及环境的综合，本身不仅有使用上的功能性，还包含着形式问题，传递着文化的思考与隐喻以及科学的认知。

界面是形成室内空间的基本要素，虽然界面的研究应超出"物"的表象，但是分析界面的物性是界面研究的前提。按人机工程学的定义，"界面"为二物的分界面，两空间的交叉（联系）点。界面的存在决定了空间与空间之间的信息的交换，甚至可以说只要存在着人与空间、空间与空间的信息交换的一切领域都属于界面的范畴。

对室内设计而言，界面关注的重点是界面本身及其空间限定的程度和人的行为、心理的关系，二者之间的关系实际上就是处于空间中主体地位的人和环境之间的信息交流所使用的方式与方法问题。由于建造原因，传统的界面主要表现在表皮的层次，是室内墙体面层的附加，有极强的美术学意义，从而强调艺术性。因为界面的复杂性和意义的广泛性，室内设计中的界面至今为止尚未能提出一个公认的、明确的概念。想要全面了解界面就必须对界面的内容、性质以及分类和组成进行分析和论证。

对建筑设计而言，室内空间分隔与围合的目的是确定空间的独立和相对位置，界面涉及了空间围合的形式与方法。从最早的实体构筑，到现代的流动与交融，分隔的材料在变化，形式也在不断地更新。现代的界面则增加了更多的因素，如光、地面与天棚的凸起或降落等，更有空间性与参与性。同时，界面形成的环境性与空间性，使得人与界面产生了更多的信息交流。

对于室内设计和建筑设计共同的宠儿，"界面"已不仅是一个简单的面，还是"两空间之间的那层东西"，包含了更加丰富的内涵。

界面的形成目的是分割空间，界面对于空间的形成是双生的，它同时服务于两个空间。当两个被分割的空间功能、性质相同或相近时，这个界面在各自生成的空间中所传递的信息就类似；当两个被分割的空间功能、性质相同或不同时，界面传达给人的信息就存在着多样性。没有空间，界面无所依存；离开了界面的空间也根本不能存在。

二、界面的限定与组构

与建筑的外墙截然不同，界面的特殊性表现在界面层次的不同。室内由多个空间组成，界面伴随空间的形成而产生，每个空间都有自己的界面。界面的分隔关系根据空间的性质必然反映出各异的角色，无论按照流线的时序还是空间的关系，界面都将产生位置的前后、远近关系，形成界面的空间层次。所以，界面的层次性反映的是空间和界面的序列关系、主从关系、渐进的层次关系。确定不同元素界面的归属、同种界面的形成、多个界面或场所的组成、界面表达意义的差别等，表述的是界面的层次性。空间的布局要层次分明，在渐进的空间变化中来体现层次性。它们共同作用形成具有相同性质的一个整体意义上的界面，表达空间意义。

界面的形成离不开界面的限定要素，一般情况下，界面是通过具体的有形物形成的，但有时形成界面的要素会是一些只能感觉到或看到而无法触及的东西，如光线对界面的限定，就脱离了常规意义上的具体物的形体方式。因此，界面的组构要素可分为有形实体要素和无形虚体要素两类。

有型的实体要素指界定的要素本身是有质量的实体，在相当长的一段时间内有具体的形体、恒定的位置，是常见的一般性界面限定构成方式。在室内空间中主要的界定因素有墙体、楼板、幕墙等结构与构筑要素，也有帷幕、花坛、树木、台阶等陈设与装饰要素。无型虚体要素指界定要素本身没有质量的虚体，形体和位置会随着外界某些因素的变化而发生改变。多存在于一些特殊空间中，是创造独特空间感受时所运用的特殊手法。如通过空间距离的远近、光影的变化等方法进行空间的限定就属于此类。在建筑空间中大多数情况下实体要素出现的频率比虚体要素出现的频率要高得多，并且实体要素对人行为的影响比虚体要素要大得多。

界面的组构要素可按其存在特性，分为固定性、半固定性和非固定性三种。

固定特征因素指固定的，或变化很少、缓慢的因素。建筑的墙体、地面、楼板都属于这一范围，是构成空间的重要物质因素。它们的面积、位置、顺序等表现了空间的基本属性。固定特定征因素的固定性决定了作为空间界面的第一特征，是空间界面轮廓的主要承载体，是最具功能和空间意义的层面，包含了最基本的界面意义。

界面的半固定特征因素，就室内空间而言主要包括各类室内家具、陈设品、窗帘布幔、活动灯具、挂件与艺术品、室内景观设施、橱窗陈设等，这些室内空间中到处可见的部品等能够相当迅速且容易地加以改变。它们在固定特征因素形成的空间结构基础上，常常对空间进行再次的结构划分，丰富了空间的内容，增加了界面的层次性。正因为半固定特征因素形式多样，位置、顺序易变的特征，才使得半固定特征因素要比固定特征因素更多地与人取得联系。

非固定特征因素指环境的主体——人，也即空间场所的使用者。人在空间环境中的各种状态，所在空间的位置、从事活动的方式和内容与固定和半固定特征因素的关系是动态的、变化的。"人"是一类特殊的界面形式，人和人之间、人和物之间的界定的范围、大小以及界面存在的具体位置，构成了室内界面的特殊组构层次。所以非固定性因素是空间中最复杂的界面因素，作为空间界面的设计对象，对人的行为与心理研究不仅构成了设计的目的，也是界面设计的本身。

三、空间中的界面生成因素

按照各种实体要素在空间中排布方式的不同，可以把界面的形成方式分为三类：点的形式、线的形式和面的形式。

点的形式是界面的一种最基本的构成方式，其特点是界面要素处于空间的中央，由它而产生的空间或者说是场所是发散形的，是由中心向四周的。点的形式的界面元素往往随机地、无规律地排列，所界定出的空间具有朴素、简明和不渗透的特性，具有建筑空间最基本的意义。点的界面具有自身的独立性，多数情况下表现为某种体量，如一个柱子、一把椅子、一个悬挂体，它们在环境中所形成的界面形式都可以被看作是点的形式。当点的界面独立存在时往往表现出纪念性，对形成室内空间的特殊视觉效果起着重要的作用，但要保持这种空间的纪念特性就必须在一定范围以内维持点的唯一性。

线的形式指一系列相同的或者不同的元素按照一定的规律排列所形成的一种界面形式，其特点在于各界面要素之间按照一定的间隔进行布置。线性空间界面具有较强韵律感，一般出现在几何规则明确的空间体量中。由于线形序列具有较强的视觉效果，在空间中多起着主体背景效果，容易产生视觉记忆，在空间的分割以及有意识地引导人流活动方面都有较强作用，所以在交通系统中的定位与定向上多被使用。线的形式所构成的界面具有较强的装饰性，由于所产生的理性的秩序感，能够表现出强烈的工业效果，在现代的装饰中多被采用，成为空间界面形成中的主要方法。大型室内空间以及人流较多的聚集场所等地方，这种界面的处理方式比较常见。线的形式的元素大多数情况下是同种元素，有时候也会出现不同种元素排列的情况，两者所产生的空间效果有很大的差别。

面的形式指由点和线的形式组合而成，其特点是所包含的要素的数量或种类较多，所界定的空间也较大。或者面的界面从某种意义上来说本身就构成了一个空间，这个空间执行着分割它周边空间的功能，在这个空间的边界区域同样也存在着限定它的点元素或线元素。因而，无论这些元素或其他元素是否在空间的中央同时出现，任何一个面形式都可以进行拆分，最终把它还原成点或线的形式。

界面的建构是关联建筑与室内的中间环节，也是形成空间形式的主要方面。从界面入手，对建筑与室内的关联性做形式与手法的解释，对于建筑设计与室内设计的关系具有十分重要的意义。综上所述，研究建筑与室内的关系，必须研究界面；研究界面，是研究建筑与室内的关系的主体。

第七节 室内空间中的实体界面表达

在室内装饰业中，主要通过各种手段对室内各个实体进行美化从而达到室内环境整体的协调性、美观性，符合其建筑性质，满足其使用要求。而室内各个实体又可分解为一个个的界面，本节主要探索室内设计者如何完成在室内空间中的实体界面表达。

室内空间指的是建筑物的内部空间，建筑物因其使用功能不同，内部空间也各具特色。在教室中含有宣传墙、黑板、讲台等，在电影院中含有大屏幕、座椅等，总之，建筑物因其内部组成元素所含实体的不同而熠熠生辉，发挥其独特的价值，因此室内设计显得尤为重要。不同的场景下我们所追求的设计目标也是不一样的，通俗来讲，室内设计也就是对室内所含各个实体的单体设计，最后再加以整合协调，使整个室内空间形成一个整体，发挥其功能。而室内实体又可分解为一个个的界面，但这并不是说实体就是由界面简单地围合而成，室内实体与其组成界面之间可以说是一种相互影响相互制约的关系，这就使得室内设计者在应用平面设计理论对待实体界面时，必须努力寻求一种恰当的设计手法，使得界面表达在室内空间设计中更好地扮演出自己的角色，从而对室内设计起着直接的指导作用。

界面表达在室内空间设计中主要扮演着这样两种角色，一是室内表达作为室内空间设计的主体而存在，二是室内表达作为室内空间设计的补充而存在。下面主要就界面表达所扮演的两种角色展开具体的阐述。

一、界面表达作为室内空间设计的主体

室内空间设计即对室内实体的设计，而室内实体又是由实体界面围合而成的，因此可以说界面表达即为室内空间设计的主体。室内设计者在通过平面设计理论完成各个界面表达的基础上，把一个个分散的元素进行整合处理，达到整个实体进而整个室内环境的协调化，即完成了整个室内空间设计工程。因此，界面表达作为室内空间设计主体存在时，主要包括三个方面，即界面独立、界面整合、界面空间。

（一）界面独立

所谓的界面独立并不是说界面脱离空间而单独存在，而是指人的视觉在观察一个空间内的装饰时会有选择性地停留在一个界面上，只有选择的界面表达满足人的审美兴趣需要，勾起人们进一步探索的欲望时，才可以使人们进而了解整个空间的表达。因此独立的一个界面往往在一定程度上决定了整个空间的层次、品味，只有做好每一个独立界面的表达，才可以完成整个室内装饰工程。如同人的兴趣爱好一样，空间中各个界面的装饰也是如此，不能全部处于一个色调，而要有侧重点，或轻，或重，或清淡雅致，或浓墨重彩，要有一个主题界面，其余界面与主题界面之间既有色彩表达上的区分，又要有一定的联系，过渡自然，色彩搭配恰当，给人以内心的舒适。在独立的界面表达时，如何安排界面内容也成了一门很深的学问。数学中我们接触过很多奇妙的数字，这是经过了五千年悠久历史的中华文明验证最满足人类审美需求的表达，黄金分割线、九宫格分割线等，在界面设计时巧妙地将这些比例进行运用，所得到的效果又大不相同。

（二）界面整合

整合即将零散的元件通过一定的联系变为一个整体。在室内设计中，各个界面在某种意义上来说便是一个个独立零散的元件，如何通过设计表现手法将其联系起来，使整个室内空间更加协调是门很深的艺术。界面独立中我们提到了主题界面，和写作文一个道理。我们既可以通过正面论述表现文章主题，也可以通过反面事例论证文章主题，室内空间设计也是一样，周围界面可以跟随主题界面的色调、质感、表现形式使之和谐过渡，对主题界面起到烘托渲染的作用，反之周围界面也可以反其道而行之，采用与主题界面截然不同的表达形式，从而使主题界面更加突出，形成强烈对比。不管采用何种形式，在界面交合处如何进行恰当的处理必须认真对待，一个不注意便会造成驴唇不对马嘴，使人极度不舒服，产生别扭之感。

（三）界面空间

看到界面空间这个名词，一些人可能要发出疑问，界面顾名思义是一个面，是二维的，而空间很显然是三维的，那么又何来界面空间一说呢？这就说到界面表达的手段了。在现代社会中，说起三维电影、三维画作等人们一定不会感到陌生，那么同样的，二维的界面在进行表达时也可以通过一定的手法使其体现出空间立体感，这也是界面表达的一种手段，称之为界面空间。其实，界面空间还有另一种理解方式，人们处于室内空间中，视线停留在某一界面上，通过界面表达的内容进而感受到整个室内空间的意境、氛围，也可以理解为所谓的界面空间。这种理解方式是基于人的视觉体验上的，相对于前一种界面空间的理解中的错觉，虚拟的空间，第二种理解方式中的空间就是真实的、切切实实存在的空间了。前一种理解方式给了我们又一种界面表达方法，后一种理解方式则强调了独立界面在整个室内空间表达中的重要地位。

二、界面表达作为室内空间设计的补充

不同功能的建筑物具有不同的内部空间形式，因此在进行室内空间设计时应从这方面开始考虑。通过颜色、质感、明亮、比例等方面来满足界面表达对视觉形态的设计，创设出独特的意境，渲染整个室内空间的环境氛围。由浅到深依次递进为空间形式、空间功能、空间意境，要达到界面与整个室内环境的和谐，就必须在这三个层次上达到所有要素的统一。

（一）空间形式

空间形式主要指的是空间在比例、质感、色彩三个方面的不同组合状态。何为美，有人说美就是各个方面的和谐，就是一种舒服感，对于这种说法笔者是十分赞同

的。在室内装饰设计中，如何从整个室内空间到每个实体再到各个实体的每个界面，无论各个部分的比例还是质感、色彩都搭配得恰到好处，又怎么不给人以视觉的享受呢，谁又能说出一个不字，因为这就是美。比例还是我们前面说的黄金分割线、根方二分割线、九宫格分割线等，质感通过不同的材质来实现，色彩即指界面表达的具体内容了。

（二）空间功能

空间功能包括物质功能、精神功能等，如人们日常居住的家，厨房为了满足人们做饭需要，要有灶台、储物柜、洗碗池，因为有油烟的缘故，墙壁要好清洗；卫生间的地板、墙面要防水防滑，卧室要温馨，客厅要采光好、要大气等，这就是室内空间的物质功能需求。而精神功能，则体现在庙宇的建立要让人有一种超脱之感，政府大楼的建立要让人感觉到庄严肃穆，历史建筑则让人感觉到历史人文气息。总之，面对不同的建筑，我们的室内设计要满足不同的空间功能，让其因为自己独特的存在而闪闪发光。

（三）空间意境

人类建筑在满足最基本的功能需要后就要升级为精神层次的享受了，有时为了更有效地发挥建筑的空间功能人们也要努力去营造一种相应的空间意境。教室的装饰不仅要具备黑板、讲桌、宣传版面等必备要素，作为学生学习的场所，为了营造一种青春活泼、积极上进的意境，往往会在墙上贴一些激励标语，或者建立图书角，或者张贴一些学习有关的如地图、元素周期表等。空间意境的加入使得空间功能发挥得更加淋漓尽致。

实体界面表达是室内空间装饰中最为重要的组成部分，实体界面作为室内空间的主体，使其有了完整的形态；作为室内空间的补充，使其更具魅力。

第八章　室内软装设计之不同人群的设计

由于性别和年龄的不同，空间软装的喜好差异较大，在进行室内软装搭配时，可以从其特点入手，这样的设计方式更具有针对性、更有个性。

第一节　成年人软装印象

一、阳刚、酷雅的男性软装

（一）软装速查

1.单身男性的家具通常可以选用粗犷的木质家具，同时收纳功能要方便、直接。这样能帮助单身男性更好地收纳整理。（图8-1）

图8-1　经典的蓝色调搭配简洁的格子图案，令空间更具绅士韵味

2.单身男性的软装代表色彩通常是厚重或者冷峻的色彩。冷峻的色彩以冷色系以及黑、灰等无色系色彩为主，这种色彩能够表现出男性的力量感。

3.单身男性的家居饰品以雕塑、金属装饰品、抽象画为主，可以体现理性主义的个性，并塑造出具有力量感的空间氛围。

4.家居装饰的形状图案以几何造型、简练的直线条为主。空间最好保持简洁、顺畅的格局，同时以少而精的装饰元素为主。

（二）单身男士的软装速查表

如图 8-2 所示。

图 8-2　单身男士的软装速查表

（三）软装搭配秘籍

1. 收纳功能强大的家具令空间更整洁

对不擅长整理的单身男士来说，收纳的重点是方便、直接，最好划分区域，这样可以方便物品分门别类，书房也需要储藏功能强大，方便拿取和办公使用（如图 8-3 所示）。

图 8-3　在降低明度和纯度的墨绿色背景下，搭配黄色的座椅，具有沉稳感和高级感，使男性特点更显著

2. 冷色系展现理智的男性气质

以冷色系为主的配色，能够展现出理智、冷静、高效的男性气质，加入白色具有明快、清爽感，同时搭配黄色系的配饰，令空间同时具有活泼感（如图 8-4 所示）。

图 8-4　蓝色的布艺织物搭配透明的灯具，兼具力量感和绅士感

3. 经典的格子、条纹图案彰显英伦风范

经典的格子、条纹围案，融入布艺织物，令空间拥有一种独特的英伦气息，庄重

典雅的同时带出一丝时尚感，彰显男性的品位（如图 8-5 所示）。

图 8-5　沙发选择浅米灰色，比纯正的浅灰色更温馨一些，机械感有所减轻，错配原木茶几，表现
出具有文雅感的男性空间

4. 酷雅的软装饰品体现理性主义

材质硬朗、造型个性的酷雅软装饰品彰显男性魅力，同时体现理性主义，如不锈钢相框、抽象装饰画、几何线条的落地灯、水晶台灯等（如图 8-6 所示）。

图 8-6　深高与银灰的色彩组合，搭配水晶和不锈钢材质，具有高级感和力量感

二、柔美、精致的女性软装

（一）软装速查

1. 单身女性家居以碎花布艺家具、实木家具、手绘家具等有艺术特征的家具为主，梳妆台、公主床等带有女性色彩的家具更能表现女性特有的柔美。

2. 家居色彩通常是温暖的、柔和的，配色以弱对比且过渡平稳的色调为宜，以高明度或高纯度的红色、粉色、黄色、橙色等暖色为主。

3. 家居饰品有花卉绿植、花器等与花草有关的装饰，带有蕾丝和流苏边等能体现清新、可爱的装饰，晶莹剔透的水晶饰品等能表现女人精致的装饰。

4. 形状图案以花草为最常见。花边、曲线、弧线等圆润的线条更能表现女性的甜美。

图 8-7　矮体家具搭配暖黄色的造型灯营造出温馨的空间美

（二）单身女士的软装速查表

如图 8-8 所示。

图 8-8　单身女士的软装速查表

（三）软装搭配秘籍

1.蕾丝和流苏饰品象征女人的华贵可爱

蕾丝和流苏，是象征着可爱的时尚元素，是永恒的经典。既显得华贵又不失可爱。家中设置一些蕾丝边的窗帘、工艺品，可以表现出小女孩童心未泯的情调（如图 8-9 所示）。

图 8-9　不同纯度的淡蓝色调过渡平稳，带有流苏的窗帘，显得高贵而优雅

2.实木家具令女性空间更显精致

根据女性的审美观念应选用颜色淡雅的实木,如具有精致的木纹的枫木、樱桃木等。年纪稍大的女性,可以选择雍容华贵的樱桃木,配上羊毛坐垫或者地毯,与贵妇人的打扮十分相像(如图 8-10 所示)。

图 8-10 浅色实木搭配娇艳的红色系窗帘和黄色插花,尽显女性的柔美

3.水晶饰品展现女性的璀璨

水晶给人清凉、干净、纯洁的感觉。女人用水晶衬托美貌,水晶用女人展现璀璨。在家居软装布置中,璀璨夺目的水晶工艺品,表达着特殊的激情和艺术品位,深受女性喜爱(如图 8-11 所示)。

图 8-11 水晶吊灯纯净而高贵,与蓝色、紫色的对比色调搭配,甜美而温柔

4.花形图案令空间更具女人味

女人如花,花似梦。从某种意义上讲,花形图案代表了一种女人味,精致迷人。花形家具在表达感情上似乎来得更迷人,也更直接(如图 8-12 所示)。

图 8-12 在高纯度蓝色、绿色的背景下,搭配花朵形的铁艺床,展现出女性清新、活泼的特点

三、追求宁静祥和的老人房软装

（一）软装速查

1. 老人一般不喜欢过于艳丽、跳跃的色调和过于个性的家具。一般样式低矮，方便取放物品的家具和古朴、厚重的中式家具是首选。

2. 老人房宜用温暖的色彩，整体色调表现出宁静祥和的意境，如咖啡色、红棕色、灰蓝色等浊色调，同时使用一些具有对比感的互补色来添加生气。

3. 带有旺盛生命力的绿植、茶案、花鸟鱼虫挂画、瓷器等均可令老人房更具情调。

4. 老人房空间布局要流畅，家具尽量靠墙而立，同时注重细节，门把手、抽屉把手应该采用圆弧形设计。

图 8-13 藤制座椅搭配原木家具，令老人房充满自然的气息

（二）老人房的软装速查表

如图 8-14 所示。

图 8-14 老人房的软装速查表

（三）软装搭配秘籍

1. 棕红色＋浅蓝灰色展现老人房的宁静之感

棕红色具有厚重感和沧桑感，能够更好地体现老年人的阅历，为了避免过于沉闷，加入浅灰蓝色，以弱化的对比色令空间展现出宁静优雅之感（如图 8-15 所示）。

图 8-15 老人的视力减弱，墙面与家具、家具与布艺的色调对比明显一些可以看得清楚，能够避免碰撞，使用更方便

2. 花鸟鱼虫挂画表现老人房的恬静

老年人喜爱宁静安逸的居室环境，追求修身养性的生活意境。房中摆放恬静淡雅的淡绿色花鸟图，与老年人悠闲自得的性情非常契合（如图 8-16 所示）。

图 8-16 花鸟鱼虫的饰品或布艺可体现老人宁静的生活情趣

3. 茶案传递雅致生活态度

客厅中摆放一个茶案，无论是闲暇时光的独自品茗，还是三五老友之间的品茶论茶，都传递了老年人雅致的生活态度（如图 8-17 所示）。

图 8-17 三五好友一起聊天品茶是悠闲自在的老年生活的缩影

4.复古瓷瓶展现古朴风情

精雕细琢的实木餐桌上摆放一个古香古色的青花瓷瓶，仿佛把时间定格在那古朴的岁月，表现出老人历尽沧桑的睿智（如图8-18所示）。

图8-18 复古的瓷器与实术搭配，古典而又宁静，加以米色的调节，令餐厅具有禅意

第二节 儿童软装印象

儿童房不仅需要合理的装修设计，软装搭配也要营造出适合儿童成长和学习的空间氛围。另外，儿童房除了为孩子营造五彩缤纷的童话世界外，也要注重安全性和实用性。

一、活力动感的男孩房软装

（一）软装速查

1.男孩房适用能凸显个性的多功能家具、边缘圆滑的组合家具和安全性强的攀爬类家具。同时儿童房家具应以无甲醛、无污染的环保材质为主，如实木、藤艺等天然材质。

2.男孩房的色彩避免采用过于温柔的色调，以代表男性特征的蓝色、灰色或者中性的绿色为配色中心。年纪小一些的男孩，适合清爽、淡雅的冷色，大一些的男孩可以多运用灰色搭配其他色彩。

3.家居饰品常以变形金刚、汽车、足球、篮球、动漫卡通人物等玩具为主。

4.形状图案以卡通、涂鸦等男孩感兴趣的图案或是几何图形等线条平直的图案为主。男孩房应注重其性别上的心理特征，如有英雄情结的男孩的房间应主要体现活泼、动感的设计理念。

图 8-19 卡通动漫人物和海洋饰品相搭配,令空间独具英雄气魄

(二)男孩房的软装速查表

如图 8-20 所示。

图 8-20 男孩房的软装速查表

(三)软装搭配秘籍

1. 个性的多功能家具满足男孩的好奇心

男孩大多活泼好动,好奇心强,喜欢酷酷的感觉,大多喜欢坦克、飞机、汽车一类。因此男孩房适合选择一些个性突出的多功能家具来显示个性,这些家具少了许多可爱的元素,多了一些实用性(如图 8-21 所示)。

图 8-21 个性的床有利于塑造出具有奇幻、活泼感的男孩房

2. 红色 + 蓝色展现男孩活力

喜欢活泼色彩的男孩的房间可以使用以红色为主色，搭配蓝色为对比色的配色方式，可以表现出儿童活泼、好动的天性（如图 8-22 所示）。

图 8-22　蓝色大面积用在男孩房时，可以使用红色调节，且不同的部位之间可以做明度的变化，形成丰富的层次感

3. 汽车、足球、篮球类玩具能锻炼男孩的体力

男孩都比较活泼好动，对于新鲜的事物充满了好奇心，所以对于玩具的要求也是倾向于汽车、足球、吉他等炫配的类型。这类玩具可以很好地锻炼男孩的小肌肉群及机体协调能力（如图 8-23 所示）。

图 8-23　篮球造型灯搭配蓝红相间的床头柜，制造出男孩房的运动氛围

4. 无色系适合青春期的大男孩

正值青春期的大男孩不喜欢太花哨的色彩，可以使用以黑白灰为主色调的搭配方式，同时使用红色、绿色或是蓝色等作为跳色，可表现出大男孩的时尚感（如图 8-24 所示）。

图 8-24　黑、白、灰等无色系的色彩可以表现青少年的成长阶段，若觉得层次单调，可以加入红色等暖色系来调节

二、天真梦幻、凸显公主范的女孩房软装

（一）软装速查

1.女孩给人天真、浪漫、纯洁具有活力的感觉。因此小型的组合家具，公主床或者带有纱幔等具有童话色彩的家具非常适合女孩房。

2.以明色调以及接近纯色调的色彩能够表现出纯洁、天真的感觉；色相的选择上，通常以黄色、粉色、红色、绿色和紫色等为主色来表现浪漫感。其中，粉色和红色是最具代表性的色彩，这些色彩搭配白色或少量冷色能够塑造出梦幻感。

3.女孩房的家居装饰品以洋娃娃、花仙子、美少女等布绒玩具，以及带有蕾丝花边的饰品为主。

4.女孩房整体以温馨、甜美为设计理念，因此形状图案以七色花、麋鹿等具有梦幻色彩的图案和彩虹条纹、波点等活泼纯真的图案为主。

图 8-25　精致的公主床与水晶灯、糖果色彩打造出属于女孩自己的城堡

（二）女孩房的软装速查表

如图 8-26 所示。

图 8-26　女孩房的软装速查表

（三）软装搭配秘籍

1.公主床圆女孩一个公主梦

公主床最突出的特点就是淡淡的梦幻气息，没有一丝杂质，给人无限宁静和遐想。精心为宝贝购买一款设计合理的公主床，让睡眠更具乐趣。这种床大多都设计成孩子喜欢的粉色、紫色、浅蓝色等（如图8-27所示）。

图8-27　女孩房的色调明亮、甜美，搭配浪漫的木马和公主床具有童话般的氛围

2.玫红色＋蓝色令空间更具动感

低纯度的蓝色能够弱化玫红色的火热，同时令玫红色具有强烈的动感和视觉冲击力，两者搭配在一起非常适合追求与众不同的大女孩使用（如图8-28所示）。

图8-28　玫红色与蓝色属于对比色系，结合使用可以打破传统女孩房的甜腻感，令空间更具个性

3.布偶玩具为女孩带来安全感

布偶玩具特有的可爱表情和温暖的触感，能够带给孩子无限乐趣和安全的感觉。因此一些色彩艳丽、憨态可掬的布偶玩具经常出现在女孩房中（如图8-29所示）。

图8-29　柔软的布偶玩具给女孩房增添了梦幻感

4.波点、条纹图案展现女孩的时尚与俏皮

时下比较流行的波点、条纹图案简洁、梦幻，同时又不乏女性的俏皮与柔和。当这些可爱的小圆点搭配上不同底色的布艺织物之后，更能显示出女孩独特的时尚与俏皮（如图8-30所示）。

图 8-30 俏皮的波点图案与粉色系的帐幔构建出女孩童话般的城堡

第三节 主题家居的软装印象

不同主题的软装需要不同的设计氛围，同时还要考虑人群的特征，一般新婚房主要渲染浪漫情调，而三代同堂则要兼顾不同年龄跨度的人群，主要以舒适、温馨为主。

一、渲染甜蜜浪漫气氛的新婚房软装

（一）软装速查

1. 新婚夫妇适用双人沙发、双人摇椅等两人共用的家具，象征团圆的圆弧形家具、储物功能强大的组合家具等。

2. 家居色彩的典型配色是红色等暖色系为主的搭配，个性化配色为将红色作为点缀，或完全脱离红色，采用黄、绿或蓝、白的清新组合搭配。

3. 家居饰品通常有成双成对出现的装饰品，带有两人共同记忆的纪念品，婚纱照、照片墙等墙面装饰；珠线帘、纱帘等浪漫、缥缈的隔断；玻璃、水晶灯等通透明亮的饰品同样适合新婚夫妇。

4. 形状图案通常以心形、玫瑰花、"love"字样等具有浪漫基调的形状，同时新婚夫妇的家居布置应遵循"喜结连理""百年好合"的理念。

图 8-31 以小体积的红色点缀空间，令新婚房更加时尚

（二）新婚夫妇的软装速查表

如图 8-32 所示。

图 8-32　新婚夫妇的软装速查表

（三）软装搭配秘籍

1. 组合式家具更大限度地利用婚房空间

新婚夫妇的住房，有时一间房往往兼有书房、餐室、客厅、卧室等多种功能，面积一般不会太大。购置家具时，宜少而精，可配置造型整洁、线条明快的组合式家具和折叠式家具（如图 8-33 所示）。

图 8-33　根据空间特征定制的组合式家具可以实现最大限度地利用空间，同时储物也非常方便

2. 圆弧形家具

方方正正的家具容易令人感到规矩和刻板，而带有圆弧边缘的家具则柔化了线条，提升家中的整体装饰之感，让人觉得时尚大方。并且圆弧形家具不仅象征着夫妻间的圆满生活，也令空间尽显浪漫（如图 8-34 所示）。

图 8-34 圆弧形的沙发与鲜艳的抱枕象征着夫妻的恩爱、甜蜜

3. 蓝色 + 黄色 + 白色烘托婚房时尚感

蓝色、黄色、白色是地中海风格的主打色调，这种来自大自然的淳朴色调，能给人一种阳光自然的感觉。这样不但可以避免大面积白色带给人的空洞感，还可以烘托出婚房装修的时尚感（如图 8-35 所示）。

图 8-35 蓝色、黄色的高纯度色彩搭配曼妙的纱帘打造出清爽、宜人、独特的新婚房

4. 充满浪漫感的形状图案寓意新人的美好生活

对即将步入婚姻殿堂的新人来说，婚房是他们的"爱巢"，也是他们对爱的延伸。因此，室内通常装饰心形、唇形、玫瑰花、"love"样等充满浪漫感的形状图案以象征甜蜜的爱情（如图 8-36 所示）。

图 8-36 不喜欢过于刺激、活泼的婚房氛围，用高雅的紫色搭配浪漫的唇形沙发，能够展现出个性、时尚的新婚氛围

二、降低刺激感的三代同堂软装

（一）软装速查

1. 三代人一同居住，因为有老人和孩子，客厅、餐厅等公共空间中的家具要考虑安全性和舒适性，所以家具一般以实木、藤竹或软体家具为主。

2. 空间中的整体色彩最好以暖色为主，如果要用冷色和中性色做背景色，可选择淡色调，纯色或深色则要少量使用。

3. 不要采用过于刺激的配色方式，如撞色、明度较高的三原色搭配等，容易影响老人和孩子的平和心态。

4. 材质和饰品应避免冷材料的使用，如金属、玻璃、大理石等材质过于冷硬，存在安全隐患，所以三代同堂多用木质、布艺或软包。

图 8-37　舒适宽大的皮沙发与沉稳的实木茶几令客厅符合三代人共同的需求

（二）三代同堂的软装速查表

如图 8-38 所示。

图 8-38　三代同堂的软装速查表

（三）软装搭配秘籍

1. 加入大地色系令空间更具归属感

在三代同堂的居室中，无论采用哪些色相组合，都建议加入一些大地色，如棕色木质墙面、茶色单人沙发、咖啡色靠枕等。这类色彩较百搭，无论搭配暖色、冷色，还是中性色都比较协调，并且可以带给老人归属感（如图 8-39、图 8-40 所示）。

图 8-39　在大地色系的家具中加入一些亮色系的饰品，令空间更活跃

图 8-40　棕色系的真皮沙发低矮舒适，适合老人和小孩

2. 竹藤、原木家具给空间带来稳定感

环保、安全是三代同堂的居室首先应考虑的问题。原木或竹藤家具既天然又无化学污染，同时没有坚硬的棱角，比玻璃、不锈钢等新型石材更安全，是健康的绝佳选择，同时符合居住者崇尚大自然的心理需求（如图 8-41、图 8-42 所示）。

图 8-41　竹藤和原木最接近大自然的材质，用在家具软装上散发出自然与原始之美

图 8-42　实木家具边角都做了圆角处理，很好地保障了老人和小孩的安全

第九章 室内软装设计之方案

室内空间的生命力就在于人的存在和人的生活行为，对室内陈设的勘察是设计师和室内空间的一次对话：室内的空间大小、结构细节、建筑材料、日照气候等都是设计师要用心揣摩的。

第一节 方案设计阶段

设计的过程和秩序通常包括设计对象的信息收集、设计分析、设计展开、设计实施到信息反馈，最后再做设计调整和完善。一般情况下完整的设计项目通常分为三个阶段：一是设计的准备阶段即方案设计阶段，这个阶段包括项目的接洽、设计概念的提出，设计师在此要进行相关信息的调查、分析和综合；二是在确定项目设计的基础上开展设计阶段即方案制作阶段，完成项目方案的设计表现和相关陈设品的收集及报价；三是设计的实施和施工阶段即方案的表现阶段，根据方案效果图做陈设物品的采购和现场陈设工作。

一、设计构思

设计项目得到承接和确定以后，就可以开始方案设计工作。设计构思包括现场考察和设计概念的提出两个部分。首先通过现场考察明确空间的性质，针对空间的功能和特点以及甲方的需求进行理论分析，然后对现场进行尺寸测量，拍照记录，为下一步设计做准备。其次设计师通过对现场的考察以及对相关资料的分析，思考设计方案的可行性，进行设计构思。

二、市场调查

如果项目成型，那么可以直接根据硬装现场进行设计构思；如果项目还未进入硬装环节，则根据硬装设计图纸进行软装设计构思。无论哪一种情况，都是基于在对项目有一定了解的基础上开始，在设计师进行设计构思的阶段，首先需要给出设计风格的定位，根据设计风格的需要，进行市场的调研活动和资料的收集工作。

三、设计整理

将项目考察过程中所记录的空间现场和设计理念部分做资料整理，将设计构思和设计风格的定位进行文字分析和整理，将市场调研中的各种资料收集做素材储备，针对前期的设计阶段做完整的梳理和整合工作。

第二节　方案制作阶段

设计概念最终确定以后，设计方案就要以效果图的形式提出。在确认相应的设计风格后，根据空间类型、空间性质、设计对空间的整体构思挑选相应的素材向客户汇报、交流。这要求我们有大量的实物图片素材库，这样反映物品的真实效果可让甲方辨识相应的内容，以至于更直观和便捷地感受设计师的设计构思和意图。同时，设计师还需要随图附上陈设物品的报价清单，介绍相关物品的性质、功能、品牌、质地、价格等参数。此外，设计师还应在设计团队拟一份工作进度时间表，以便于设计工作的顺利开展和如期进行。

一、陈设设计效果图

陈设设计效果图由项目图表现空间结构作为主图展开，周围加以参考图片资料排版成图版为说明，并在细节处配合相应的文字解释来制作。项目图可由手绘方式（图9-1）、CAD 二维绘图（图9-2）、现场图片拍摄（图9-3）来表现。

图 9-1　手绘图

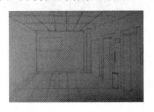

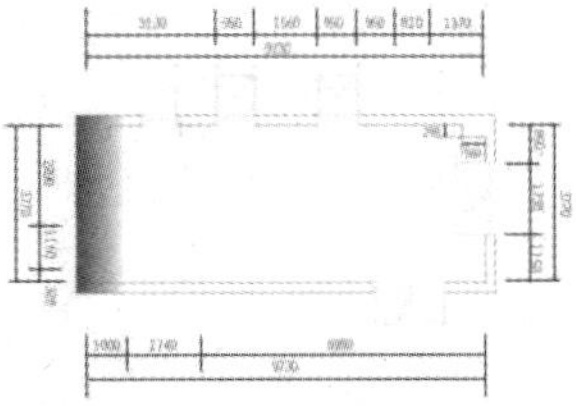

图 9-2　CAD 二维绘图

图 9-3　现场图片拍摄

效果图可由手绘表现技法（图 9-4）展示和软件制图方式（图 9-5）呈现。

图 9-4　手绘表现技法

图 9-5　软件制图

二、设计预算的制作

为了采购工作顺利进行，根据项目所需陈设物品做详细的预算清单，分别按照空间、位置、物品名称、数量、颜色、质地等方面填写，便于物品的选择和造价的控制（表9-1）。

表9-1 陈设品材料汇总表

项目名称							
空间区域							
设计总监				开始日期			
设计小组				完成日期			
类型	选样						
客厅	沙发	名称： 厂家： 价格： 规格： 使用位置：		客厅	沙发	名称： 厂家： 价格： 规格： 使用位置：	
客厅	背景墙	名称： 厂家： 价格： 规格： 使用位置：		餐厅	背景墙	名称： 厂家： 价格： 规格： 使用位置：	
餐厅	酒柜	名称： 厂家： 价格： 规格： 使用位置：		餐厅	酒柜	名称： 厂家： 价格： 规格： 使用位置：	

三、工作进度时间表

为了确保项目如期完成交付，设计师根据项目时间做工作计划和安排部署（表9-2）。

表 9-2　陈设设计工作进度计划表

序　号	项　目	主要内容	完成时间	完成情况	负责人	备　注
1						
2						
3						
4						
5						
6						
7						
8						
9						
10						

第三节　方案表现阶段

一、陈设物品的采购

通常情况下设计方案经过甲方认可，并支付前期费用的情况下，可进行陈设物品的选样。根据合同清单所需内容，完成陈设物品的购买。物品的购置多分为三类：第一类是设计师列出商品型号和名称，由甲方的采购部门依照单据去订购，这种方式适用于购买大件的品牌家具；第二类是设计师和甲方的工作人员共同选购物品，确定好款式、色彩后，甲方的工作人员谈判价格等后期服务问题；第三类是甲方将所需款项拨划到设计师所在公司，由设计师订购，此类商品一般是在空间中比较重要的艺术品等。无论哪种形式，都需要设计师对物品的挑选，最终来确定陈设品的样式、色彩、质地。

二、陈设设计的施工

实施工作之前，设计师及相关工作人员需要将陈设品的购买清单整理出来，与到货的陈设品做清点核对相关事宜，以便在方案实施完毕后，向甲方移交货品，同时也方便按照前期工作表的内容将物品进行分类放置。在所有的物品确认到位后，将陈设物品根据设计效果图的表现方式进行现场布置和陈设操作。施工过程中尽量减少材料的浪费、避免项目场地的损坏，力求文明施工、生态环保。

三、现场的调整和完善

由于陈设设计方案的多样性，每个人的审美情趣有所不同，很多时候有可能在整个方案实施完毕后，甲方会提出修改的意见和要求。或者是在装修过程中某些方案的调整影响陈设品的最终效果，这些情况都需要重新考虑，再对现场设计做进一步的调整和完善工作。

参考文献

[1] 齐丰妍，吴淑晶．室内空间色彩的人性化设计 [J]．家具与室内装饰，2012(7)：16-17.

[2] 孙孝华．色彩心理学 [M]．白路译．上海：上海三联书店，2017.

[3] 朱欢．室内设计中的色彩运用研究 [J]．家具与室内装饰，2016(12)：86-87.

[4] 薛然．软装设计宝典 [M]．北京：电子工业出版社，2016.

[5] 王雨．色彩在室内空间应用研究 [J]．家具与室内装饰，2016(12)：116-117.

[6] 陆晓梅．浅析色彩元素在室内设计中的应用 [J]．门窗，2014(11)：2013.

[7] 刘瑶．探讨色彩搭配在室内设计中的作用 [J]．设计，2017(7)：155-156.

[8] 龚慧媛．室内设计中色彩的运用浅析 [J]．建筑与装饰，2017(2)：85-86.

[9] 严建中．软装色彩教程 [M]．南京：江苏凤凰科学技术出版社，2016.

[10] 陈诗雅．色彩在现代家居中的应用 [J]．家具与室内装饰，2016(9)：114-115.

[11] 冯俊．色彩在室内空间设计中的功能及使用原则 [J]．大舞台，2014(5)：63-64.

[12] 任绍辉，郭智磊．后现代风格在建筑室内设计中的应用方法研究 [J]．设计，2016，29(7)：154-155.

[13] 曹莉梅．浅谈室内陈设设计之陈设品的选择 [J]．经济技术协作信息，2009(36).

[14] 黄磊．城市社会学视野下历史工业空间的形态演化研究 [D]．长沙：湖南大学，2018.

[15] 俞剑光．文化创意产业区与城市空间互动发展研究 [D]．天津：天津大学，2013.

[16] 孙倩．基于台北市历史建筑再利用的文化创意空间设计研究 [D]．天津：天津大学，2012.

[17] 马仁锋．创意产业区演化与大都市空间重构机理研究 [D]．上海：华东师范大学，2011.

[18] 雷鸣．论室内环境设计的创意空间和发展趋势 [J]．设计艺术研究，2015(4)：22-28+68.

[19] 冷先平．论视觉文化传播的现代民居室内装饰设计 [J]．中国建筑装饰装修，2013(7)：114-115.

[20] 萨兴联 . 凝视理论与室内环境设计研究 [J]. 山东工艺美术学院学报，2014(3)：62-64.

[21] 王叶 . 从城市图像消费看现代室内设计 [J]. 理论，2013(12)：81-83.

[22] 崔华春 . 论室内设计中的图形装饰 [J]. 创意与设计，2016(4)：66-73.

[23] 彭媛媛 . 中国传统文化元素在现代室内设计中的运用 [J]. 设计，2017，30(3)：152-153.

[24] 郑惊涛 . 关于平面设计的视觉语言分析 [J]. 设计，2016，29(2)：132-133.

[25] 胡玲玲 . 论室内陈设艺术的精神空间构建 [J]. 设计，2016，29(7)：80-81.

[26] 许秀平 . 室内设计中空间形象的"实"与"虚"研究 [J]. 设计，2016，29(10)：118-119.